现代农业实训

Typical Cases of Modern Agricultural Training

青岛市农业技术推广中心 组编

中国农业出版社
北京

编 委 会

前　言

　　为有效聚合农民教育培训资源，进一步提高农民教育培训能力和水平，更好助力推动乡村人才振兴，青岛市农业技术推广中心（青岛市农业科技广播电视学校）从青岛市遴选出一批有较好产业基础、示范带动作用明显的典型示范基地，这些基地能体现产业要素聚集、设施设备先进、生产方式绿色、经济效益显著等现代农业的水平特征，是当地"产业振兴"的现实样板。在推动当地质量兴农、绿色兴农、品牌强农，拓宽农民生产经营思路，提高农民生产经营技能，提升农民增收致富能力，巩固脱贫攻坚成效，促进脱贫攻坚与乡村振兴有效衔接，以及提高小农户组织程度等方面作用突出，成效明显。将这些示范基地典型材料集结成册，汇编成《现代农业实训典型案例》，作为青岛市农民教育培训用书，将激励广大农民开拓创新、干事创业。

　　《现代农业实训典型案例》以简单通俗的语言从基地简介、基地荣誉、基地特色、基地设施、培训活动、开放时间、特色课程等方面介绍了各实训基地的基本情况。文中配以高清图片，直观明了，便于读者深入了解基地特色及其优秀、先进的技术。

　　本书在编写过程中，得到了各区市农民教育培训部门（农广校）及实训基地的大力支持，图片及内容大部分由基地提供，谨此鸣谢！因编写时间仓促，书中错漏和不足之处在所难免，还望读者批评指正。

编　者

2022 年 8 月

目　录

1

农旅结合助力田间地头创收
——八零小伙家庭农场

【基地简介】八零小伙家庭农场位于山东省青岛市西海岸新区张家楼镇，毗邻开城路，占地面积380亩[*]，主要从事大棚草莓、葡萄、蔬菜生产及水果采摘、乡村旅游等，是西海岸新区第一批成立的农民田间学校，首批研学实训基地，并率先建成黄岛区第一块北方户外柑橘种植试验田。家庭农场经过6年的发展，业务范围已涵盖观光旅游、餐饮住宿、研学采摘、科普教育、农林产品生产销售等诸多方面，并注册了"八零小伙家庭农场"专属商标。

【基地荣誉】先后获得青岛市合作社示范社、青岛市级示范家庭农场、家庭农场省级示范场、2019年度乡村振兴工作先进集体、2019年度张家楼镇最美团队等荣誉。

---

*亩为非法定计量单位，1亩=1/15公顷。——编者注

【基地特色】
- ★ 四季采摘、团建拓展、农家宴、研学基地，一站式服务
- ★ 体验返璞归真的田园生活
- ★ 采用绿色种植技术，还原蔬菜、水果本来的味道

CS基地

儿童CS游戏

【基地设施】可容纳300人的多功能阳光棚会议厅、可容纳400人就餐的农家院、可容纳200人用餐的户外烧烤区、可容纳100人用餐的野炊驿站、可容纳300人的户外帐篷区，以及草莓、葡萄、火龙果、柑橘等各具特色的种植大棚等。

草莓种植大棚

黄玉西瓜种植大棚

火龙果种植大棚

网纹甜瓜种植大棚

【培训活动】参观特色种植大棚；学习家庭农场经营管理模式及瓜果蔬菜种植技术。

【开放时间】一年四季。

【特色课程】

● **家庭农场经营管理**

以旅游作为引导，以当地特色农业资源为基础，在向城市居民提供安全又健康的农产品的同时，满足都市人群对乡村生活体验式消费的需求，从而实现乡村资源的经济价值、社会价值和生态价值最大化。

1.家庭农场发展类型

①生产基地型（区）：可通过农产品点对点供应，为都市中高端家庭提供安全健康的农产品。同时满足其对高质量乡村生活的体验需求。另外，也可开展各种生态农业科普教育活动。

②农业景观型（区）：以乡村农业风光为主题，利用独一无二的景观特点，融入地方特色和农耕文化元素，主要以开展软性休闲活动为主。

③农业体验型（区）：此为最受欢迎也是最易成功的休闲农场类型。通过不同创意，将农耕文化和农趣活动深度包装，再根据不同年龄和不同季节的体验需求，去设计各种农业活动和产品。

④娱乐休闲型（区）：此项设计是将娱乐项目与乡村自然风光结合，让消费者体验不一样的农家乐趣。

2.家庭农场的营销卖点

①乡村生活：相比城市生活，乡村生活有悠闲、自然的特点，通过农场培训活动可让消费者深度放松，拥有别样的生活体验。

②农业产品：家庭农场生产的农产品需要在高度、深度和细节上进行包装和销售。

通过对项目运营目标、组织架构、人员编制、职责说明、业务流程等内容和标准的系统梳理，总结出一套全面合理、持续发展的有目标、有计划、有安排、有检查、有反馈、有考核、有激励的运营管理体系。

【联系方式】

联系人：王芬学，电话13475857057

地址：山东省青岛市西海岸新区张家楼镇开城路向西路南青连铁路桥下八零小伙家庭农场

利用海洋资源服务现代农业

——青岛藻源植物营养有限公司

【基地简介】青岛藻源植物营养有限公司位于山东省青岛市西海岸新区，是青岛明月海藻集团旗下核心控股子公司，东临海西路，紧邻肖家庄村。公司秉承"利用海藻资源，服务现代农业"的使命，为国内外诸多传统肥料、新型肥料、农药企业和农业服务商、农民朋友提供海藻肥施用方案。公司与山东农业大学、南京农业大学、华中农业大学、中国科学院等高校、院所的权威专家合作开展海藻生物肥料的研发与生产，团队综合水平国内领先。公司拥有行业唯一的农业农村部海藻类肥料重点实验室，先后与中国科学院海洋研究所、中国海洋大学联合承担"九五"国家重点科技攻关项目、国家"863"计划、国家星火计划等科研项目，被国家苹果工程技术研究中心认定为"国家苹果工程技术研究中心唯一指定海藻肥生产基地"，成功获得欧盟"泡叶藻提取物"REACH注册。公司产品先后通过美国NOP、欧盟ECOCERT国际有机认证，致力于成为"全球海藻源植物刺激剂的领导者"。

【基地荣誉】2011年被授予青岛市海藻资源可持续开发与利用专家工作站；2013年被授予青岛市海藻农用微生物专家工作站；2015年被授予青岛市海藻农用肥料专家工作站；2017年获评青岛行业领军企业；2018年获批农业农村部海藻类肥料重点实验室，同年被授予青岛市新型职业农民培训示范基地。

【基地特色】

★ 旅游+教育相结合的中国海藻生物科技馆

★ 以海藻科普为主题的海藻部落

★ 中国海藻产业的科学圣地

★ 功能性海藻肥的科普基地
★ 海藻科学DIY体验健康工坊
★ 海洋特色风情餐饮
★ 海藻综合性加工技术

中国海藻生物科技馆

海藻部落

海藻活性物质国家重点实验室

海洋主题生活家酒店

农业农村部海藻类肥料重点实验室

【基地设施】海藻生物产业馆、海藻生物科技馆、海藻科学DIY体验健康工坊、特色商品店、观光步道、海洋特色餐厅、海洋科学阅读室、茶歇餐饮小憩区、海洋特色大中小型培训室等。

特色培训室

【培训活动】参观中国海藻生物科技馆、海藻活性物质国家重点实验室、海藻部落；参观学习海藻综合性加工技术；体验海藻科学DIY；参观了解农业基地概况、功能性海藻肥的开发与应用和农作物种植管理技术。

【开放时间】一年四季。

【特色课程】

● 课程一：功能性海藻肥的开发与应用

1.海藻及海藻活性物质

目前一般将大型海藻称为海藻，而将漂浮在海水中的微藻统称为浮游植物。大型海藻主要包括褐藻门、红藻门和绿藻门。常见的褐藻主要为海带、裙带菜、巨藻、马尾藻、泡叶藻等；常见的红藻为江蓠、紫菜、石花菜、麒麟菜等；常见的绿藻为浒苔、石莼等。目前我国海藻化工产品的原料主要以褐藻和红藻为主。

海藻中含有钾、钙、镁、碘、硒、铁、锌、铜等营养元素，以及海藻多糖、甘露醇、氨基酸、海藻色素、海藻多酚等多种活性成分，此外还含有天然生长素、赤霉素、细胞分裂素等内源性植物生长调节剂，详见下表。

海藻活性成分及功效

海藻活性成分	主要功效
海藻多糖及低聚糖	海藻中主要活性物质之一，是天然土壤调理剂，能增加土壤透气性，促进土壤团粒结构形成，增加土壤的生物活力，加速养分释放利用；增强作物免疫力，有效改善作物品质；增强植物光合作用，提高抗旱能力，增强化肥使用效果
海藻多酚	防止病菌、病毒的侵害；增强植株抗寒、抗旱能力；起到螯合作用
褐藻糖胶（岩藻多糖）	对重金属及毒素具有阻吸作用；土壤保湿；免疫调节功能
甘露醇	参与机体光合作用，调节机体营养渗透平衡，间接提高机体免疫力
海藻碘	化学性质稳定的天然抗病杀菌剂，能提高作物的有机碘含量，食用后有益人体健康
甜菜碱	具有较强的驱虫、抗真菌作用，能增强作物的抗寒、抗旱和抗盐碱能力，对植物的生长具有调节和促进作用
天然植物生长调节剂	可以促进植物的生长和抗倒伏，促进种子萌芽和植物生根，增强植物适应环境的能力
肽和氨基酸	促进作物生长，提升产品风味，改善作物品质

2.海藻肥基础及应用功效

（1）海藻肥的分类

①按营养成分配比添加植物所需要的营养元素制成液体或粉状海藻肥，根据其功能特性可分为广谱型、高氮型、高钾型、防冻型、生根型、保叶型、促花型、抗病型、生长调节型、中微量元素型等。

②按物态分为液体型海藻肥（如液体叶面肥、液体海藻冲施肥等）、固体型海藻肥（如粉状叶面肥、粉状冲施肥、颗粒状海藻肥等），另外，还有不常见的悬浮剂型和膏状剂型等。

③按附加的有效成分可分为含腐殖酸的海藻肥、含氨基酸的海藻肥、含甲壳素的海藻肥、含稀土元素的海藻肥等。

④海藻菌肥也称海藻微生物肥，是直接利用海藻或提取海藻中活性物质后的残渣，通过微生物发酵制成的产品。

⑤按施用方式。叶面肥用于叶面喷施。冲施肥用于浅表层根部施用。浸种、拌种、蘸根海藻肥，将海藻肥按一定倍数稀释，用稀释液浸泡种子或拌种，浸泡过的种子阴干后即可播种。促根海藻肥在幼苗移栽、扦插时用稀释液浸渍苗、插条茎部。海藻滴灌肥，滴灌时随水施用。海藻基肥作为基肥施用。

⑥海藻生物有机肥、有机-无机复混肥。

⑦按照海藻的使用量可分为三大类，以海藻或海藻活性物质为主要原料的产品、以海藻或海藻活性物质为主要辅料的产品、含或添加海藻或海藻活性物质的产品。目前，以海藻或海藻活性物质为主要原料的产品比较少，这类产品中海藻成分的添加量需要超过10%；以海藻或海藻活性物质为主要辅料的产品也不多，这类产品的海藻成分添加量一般在3%以上；海藻成分含量在1%～3%的属于含或添加海藻或海藻活性物质的产品。一般来说，海藻成分添加量越高的产品价格越高、效果越好。

(2) 制备技术

①水提取。在用水提取海藻中的水溶性成分之前，首先用淡水去除原料海藻上的沙子、石头和其他杂质，然后切块后用烘箱烘干，干燥温度应该低于80℃以避免活性成分的分解。制备农用生物刺激素时用的海藻颗粒比较粗，粒径在1～4毫米，而用于制备饲料配方的海藻比较细。水提取过程是在常压、没有酸碱的条件下把海藻中的水溶性成分提取出来，其固形物含量通过蒸发需要提高到15%～20%。采用乙酸、碳酸钠等食品级防腐剂可保持产品的稳定性。

②酸和碱提取。用 H_2SO_4 在40～50℃下处理30分钟可以去除海藻中的酚类化合物，同时使高分子物质得到更好的降解，这个前处理可以加强碱提取工艺的效率，获得更好的产品质量。用 H^+ 浓度为0.1～0.2摩尔/升的 H_2SO_4 或 HCl 处理后的海藻在滚筒筛滤器上分类后比未处理的海藻更容易流动，其色泽呈绿色。在预处理过程中，海藻酸钙转化成了海藻酸，可以更容易用 KOH 提取，碱提取后用 H_3PO_4 或柠檬酸 $C_6H_8O_7$ 中和。最常用的工艺是把磨碎的海藻悬浮物在水中加热，在压力反应容器中加入

K_2CO_3，使多糖分子链断裂成低分子质量物质。该工艺反应条件为：压力275～827千帕，温度<100℃。生产中应该采取措施避免水溶性成分、寡糖以及重要的生物刺激素流失。

③低温加工。在低温加工过程中，沿海收集的野生海藻首先被转移到冷冻室迅速冰冻，然后在液氮作用下粉碎成颗粒直径10微米的悬浮物。微粒化的海藻悬浮物是一种绿褐色的物质，对其进行酸化处理可以保存其生物活性，产品的最终pH低于5。这种提取物很黏稠，常温下贮存很稳定，使用时可以将其稀释到合适的浓度。这样制备的海藻肥料中含有叶绿素、海藻酸盐、褐藻淀粉、甘露醇、岩藻多糖等活性物质，其总固形物含量在15%～20%。同时，这种产品还含有生长素、细胞分裂素、赤霉素、甜菜碱、氨基酸抗氧化物、维生素等成分，以及硫、镁、硼、钙、钴、铁、磷、钼、钾、铜、硒、锌等元素。对冷冻海藻进行机械加工得到的海藻肥料避免了有机溶剂、酸、碱等化学试剂对海藻活性物质的破坏，其性能与化学法加工制备的海藻肥料不同。

④高压细胞破壁。高压细胞破壁技术不涉及热和化学品。海藻生物质用淡水清洗后在-25℃下冷冻后粉碎成很细的颗粒，均质后得到颗粒直径为6～10微米的乳化状态产品。此后这些颗粒物在高压状态下注入一个低压室，随着压力的下降，细胞内能量的释放使得细胞壁膨胀后破裂，细胞质成分释放，过滤后从滤液中回收得到的水溶性成分含有海藻生物体中的各种活性成分。随后可以加入添加剂进一步改善配方以满足各种特殊的应用需要。南非开普（Kelpak）公司1983年上市的海藻肥就是以这种冷冻细胞破壁技术生产的。

高压细胞破壁的方法提取海藻活性成分可以通过针对特定农用生物刺激素的溶剂加以改善，提取过程的温度为100℃，压力约10.3兆帕以维持溶剂在液体状态，采用己烷、乙醇和水可以提取出含有不同组名的海藻活性成分。

⑤酶解。生物酶解工艺是在特定生物酶参与下的生物降解过程，可以更多地保留海藻中的活性成分，使海藻肥的效果更加显著。近年来，海藻肥的制备工艺逐渐从传统的化学、物理提取方式转向酶解提取。海藻酶解技术的关键在于酶的选用，需要建立基因筛选系统寻找合适的酶，通过蛋白质表达系统技术创造蛋白质表达的最优条件后再通过蛋白质工程技术对酶进行优化，使其更适用于实际生产。

生产过程中海藻首先被运送至车间破碎成颗粒，加入特选生物酶发酵降解后得到海藻肥。应用酶解技术制备的海藻肥的生物活性高、生态环保、优质高效，克服了化学提取时的强碱、高温环境以及物理提取方式中活性物质依旧是大分子形式、不利于作物高效利用的缺点。

另外，在海藻肥的加工过程中，海藻首先在低于80℃的温度下干燥到水分低于10%，以减少海藻的运输成本、改善工艺，然后把海藻粉碎成直径为1～10毫米的颗粒。加工过程的难点在于对产物的分离，例如把固体物质与黏稠的液体分离，或者去除凝胶状的沉淀物。通过对提取物酸化或者加入抗菌剂可以控制海藻提取物中的微生物。产品中的颗粒物大小以及产品的贮藏稳定性也是重要的质量指标。

（3）海藻肥的功效

①促进植物生长与健康。海藻肥施用能够促进植物根系的生长发育，增强植物对矿物营养成分的吸收能力；能够提高光合效率，促进植株生长，增加果实产量。

②抵抗环境胁迫及病虫害。海藻提取物在减轻不良环境对植物危害方面有很好的效果。研究表明洋苏草在中度缺水条件下，叶绿素含量下降55%，而经海藻提取物处理后叶绿素含量仅减少30%，叶绿素含量下降趋势明显减弱。经海藻处理的小麦种子萌发率及植株生物量明显高于对照组，超氧化物歧化酶、过氧化氢酶及抗坏血酸过氧化物酶等酶活性增强，并且蛋白电泳显示海藻处理后小麦的总蛋白多出12个新的条带。研究者推测这一系列的变化是由于海藻提取物减缓了高盐胁迫下小麦的应激反应。海藻提取物能够激活植物某些基因及代谢途径，促进植物产生防御性应激反应，释放多种酶类及多酚等功能因子。

③土壤调理及修复。

改善土壤结构及保持水土：海藻除了具有直接促进植物生长的功效，还能够影响土壤物理、化学及生物学性质，进而影响植物生长。海藻及海藻提取物能够提高土壤的保水能力并促进有益微生物的生长。褐藻富含褐藻糖胶等多糖类物质，其螯合及亲水特性能够结合土壤中的金属离子，形成高分子量复合物，并进一步吸水膨胀，使土壤保持水分，改善土壤团粒结构。这使得土壤透气性增加、土壤孔隙的毛细作用增强，进而促进植物根系和土壤微生物生长。此外，有研究报道海藻的多阴离子特性能够修复土壤重金属污染。

促根微生物生长：海藻及海藻提取物能够促进根际微生物生长，并诱发微生物分泌土壤调节物质。

● 课程二：农作物种植管理技术

1.作物栽培与管理技术

在一定的环境条件下，按照作物的生育时期，运用系统的农业措施，调控作物生长发育，使作物能充分表现对人类有用的性状，达到高产、优质，提高资源利用效率和保护环境的综合目标。

2.农药减施增效技术

提升农药科学安全使用水平，减少农药污染，推动精准施药、减施增效技术试验示范与推广，保证病虫防治效果、农产品有效供给、农产品质量安全和农业生态安全，加速推动实现农药使用量零增长。

3.科学施肥技术

结合绿色高产技术模式攻关，按照土壤养分状况和作物需肥规律，推广缓释、大量元素与中微量元素、有机与无机、养分形态与功能功效相融合的肥料新产品，解决肥料使用中存在的问题，集成推广农作物绿色高产施肥、减量增效施肥、水肥一体化灌溉施肥和新型肥料施用等技术。

（1）研发新肥料　为了提高肥料利用率，增强肥料提高土壤肥力的能力，改善土壤理化性质和生物学性质，增强或调节植物生长状况，增加肥料的附加功能，在肥料形态、功能、剂型、原材料乃至生产工艺上进行改良，推出更适应农业发展趋势的肥料种类。

（2）了解肥料使用方法　新型肥料品种繁多，更新速度快，常常在施肥过程中陷入误区，进而增加成本投入、降低肥料利用率，严重者造成环境和地下水污染。了解其使用方法，才能用最少的投资获得最大的收益。

（3）应用水肥一体化技术　水肥一体化技术，指灌溉与施肥融为一体的农业新技术。用于设施农业栽培、果园栽培和棉花等大田经济作物栽培，以及经济效益较好的其他作物栽培。该技术肥效快，养分利用率高，是肥料减量增效的有效手段。

4.病虫害防治技术

该技术是以农业防治为主，大力推广物理防治、生物防治、科学用药等绿色防控技术，降低化学农药的使用量及农产品农药残留量，提高农产品质量和竞争力，实现病虫害的可持续控制，保障农作物生产安全和农业生态环境安全。

（1）农业防控技术

①抗病虫品种的选用。选用抗病虫品种是防治病虫害最经济有效的方法，品种的合理布局，可减少病虫害的发生。例如，柑橘黄龙病发生区不适合种植温柑，可选择橙类、南风蜜橘等；早稻要选择抗稻瘟病的优良品种，中稻要选择抗稻瘟病、稻曲病的优良品种，晚稻要选择抗稻曲病、南方水稻黑条矮缩病的优良品种。

②加强水肥管理、清洁田园等栽培措施。测土配方施肥，平衡营养供应，增强植株长势及病虫害抵抗能力；注意田间排水，降低湿度，减少病虫害发生；适时清除病残体，减少侵染源；秋耕深翻，降低越冬虫源；结合中耕除草，及时清除田间、埂边杂草，减少病虫越冬、越夏场所。

③田园生态建设。包括基地生态工程、果园生草覆盖、作物间套作、天敌诱集带生物多样性调控、自然天敌保护利用等技术，从源头控制病虫害，改变病虫滋生环境。

（2）物理防控技术

①色板诱杀（色诱）。色板诱杀是利用害虫的趋色习性来诱杀害虫。如用黄色粘虫板诱杀有翅蚜、白粉虱、斑潜蝇等害虫的成虫。

②杀虫灯诱杀（光诱）。杀虫灯诱杀主要利用害虫的趋光特性诱集害虫。目前推广的杀虫灯主要是频振式杀虫灯和太阳能杀虫灯，是通过高频电子灯光、高压电网诱集害虫，然后用人工或化学药剂等将害虫消灭，从而达到防治害虫的目的。

杀虫灯可在粮食、蔬菜、果树等作物上用来诱集鳞翅目（甜菜夜蛾、斜纹夜蛾、甘蓝夜蛾、小菜蛾、螟虫、黏虫、地老虎等）、鞘翅目（金龟子等）害虫的成虫。

③性诱剂诱杀（性诱）。性诱剂（性信息素诱导剂）诱杀是利用昆虫的性外激素，引诱异性昆虫达到诱杀或迷向的作用，影响正常害虫的交尾，从而减少其后代种群数量，达到控制的效果。使用性诱剂诱杀可有效控制玉米螟、小菜蛾、甜菜夜蛾、斜纹夜蛾、三化螟等害虫的数量。

④食饵诱杀（食诱）。利用害虫的趋化性，在其所喜欢的食物中掺入适量毒剂来诱杀害虫。例如用糖醋酒液配成毒饵可诱杀实蝇、地老虎、

黏虫等；用麦麸、谷糠作为饵料，掺入适量敌百虫、辛硫磷等制成毒饵诱杀蝼蛄、地老虎等。

⑤阻隔技术。利用害虫的活动习性，设计各种障碍物，阻止害虫蔓延。防虫网：生产绿色蔬菜的最佳覆盖材料。几乎能完全防止蚜虫、白粉虱、斑潜蝇等害虫的侵入，且能控制病毒病发生，还可保护天敌。葡萄避雨控病：葡萄生产上，雨季开始之前，在葡萄树冠顶部搭建简易避雨的拱棚，使葡萄植株、枝蔓、花、果能人为地避开自然雨淋，截断引起葡萄病害发生流行的环境因子，达到控制或减轻如葡萄白腐病、炭疽病、霜霉病、褐斑病等病害的发生，提高葡萄产量、质量的目的。果实套袋：其最大的好处是保护果实免遭农药污染，生产绿色果品。同时套袋后果实与外界隔离，病虫难以侵害果实，可提升果实品质。在树干上涂白或涂胶：可阻止害虫上树危害或下树越冬，也可阻止害虫在树干产卵、潜伏。

（3）生物防控技术　主要包括天敌、生物制剂利用。天敌利用主要是以虫治虫、以螨治螨、以菌治虫、以菌治菌等生物防治关键措施，如赤眼蜂、捕食螨、平腹小蜂、绿僵菌、白僵菌、微孢子虫、苏云金杆菌（BT）等成熟产品和技术的推广应用。

生物制剂主要是细菌、病毒、植物源农药、抗生素等，如天然除虫菊素、烟碱、苦参碱、宁南霉素等。有时天敌利用与生物制剂结合使用，防治效果更佳。

（4）综合防控，精准用药，统防统治　科学精准用药技术主要是选择安全、高效、低毒、低残留的环保型农药，科学使用农药，包括适期、适量、对症用药，交替用药，混合用药，延缓病虫抗药性；并采用新型施药器械，提高药液雾化效果，以减少农药用量，提高农药的有效性。

5.设施土壤改良技术

运用土壤学、生物学、生态学等多学科的理论与技术，排除或防治影响农作物生育和引起土壤退化等不利因素，改善土壤性状，提高土壤肥力，为农作物创造良好土壤环境条件。

（1）改善土壤板结　土壤板结的现象往往与土壤内部有机质的含量之间是息息相关的。因此，种植户在进行设施蔬菜的种植时，就应当把握好肥料的种类，尽可能以发酵的各类畜禽粪便作为肥料开展作物种植。同时，在使用有机肥料时，还需要注意肥料内部的有机质含量，有机质含量较高的肥料往往可改善土壤的板结现象。

（2）调节土壤pH 对于设施蔬菜种植过程中出现的酸化土壤，进行处理改良时可以通过多种手段进行。首先就是可以在土壤中添加一定量的石灰粉，与土壤内部的各类酸性物质进行反应，使土壤pH可以达到平衡。然后利用各类矿物来对土壤的酸度进行控制，例如白云石和灵石膏都是属于可以有效调节土壤pH的矿物。积极使用有机肥。有机肥内蕴含了许多的有益物质，使用有机肥不仅可以为蔬菜的种植提供足够的养分，同时还可有效地缓解土壤的酸化现象。

（3）减轻土壤次生盐渍化 解决这一问题的关键是科学合理的施肥。有关技术人员应当将土壤的具体成分进行分析，按需施肥。并且在施肥的过程中，也应当科学地将化肥和有机肥料混合搭配。也可利用生物控制土壤次生盐渍化。例如，在土壤的空闲期可以通过种植生长速度较快并且吸肥能力较强的作物，有效地缓解土壤次生盐渍化。还可以通过将土壤深翻的方式来解决土壤次生盐渍化问题。通过土壤深翻，就可使得土壤底部含盐量较少的土壤与表层的土壤之间进行混合，从而有效地稀释表层土壤中较多的盐分。

（4）预防土壤连作障碍 把握好轮作的科学性，制定出科学合理的轮作计划进行蔬菜种植，从而有效地减少土壤内根结线虫的积累，避免连作障碍。科学合理地进行田间管理工作，及时处理土壤内部的各类问题，为蔬菜的生长发育构建良好的环境。

（5）针对重金属含量超标的改良策略 土壤重金属超标不仅影响巨大，解决难度也较大。所以在种植的过程中，前期必须做好对于重金属的防治工作。首先就是根据国家的有关环境保护标准，各类排放物确保符合国家排放标准之后再进行排放。定期监测土壤重金属含量，保障其长期维持在科学合理的范围内。积极推行绿色种植模式，有效避免土壤中重金属含量超标的现象。如果土壤内的重金属含量已经超标，可以通过土壤热处理以及固化和填埋等方式对于遭受污染的土壤进行初步处理，再通过沉淀、吸附等方式修复土壤。

【联系方式】

联系人：宋修超，电话18661912921

地址：山东省青岛市西海岸新区明月路778号

打破传统模式，发展绿色生态循环农业
——青岛绿色家园生物科技发展有限公司

【基地简介】青岛绿色家园生物科技发展有限公司位于山东省青岛市西海岸新区大村镇，占地面积2 000亩，生产模式是集食用菌工厂化栽培、畜禽养殖、有机肥生产、绿色种植、农产品交易、农产品加工、科技研发于一体的绿色生态循环农业模式。

基地在整个生产运营过程中不仅实现了无废水、废气、废物排放，废物利用率达100%，而且使一二三产业实现融合发展，整体效益有效提高25%～30%，开创了国内循环农业利用率高达百分之百的行业先河，是全国绿色产业发展的典范。

【基地荣誉】2015年获得中国食用菌产业"十二五"（2010—2015）百项优秀成果工作创新奖，被评为食用菌工作站实践基地；2016年被评为青岛市黄岛区科普示范基地；2017年被评为青岛市绿色菜园，青岛市农村创业创新园区，青岛市新型职业农民培训示范基地，山东省生态循环农业示范企业，全国创业创新优秀带头人企业；2018年被评为山东省新型职业农民乡村振兴示范站，入选国家级服务业标准化试点项目；2019年被评为数字农业农村新技术新模式优秀项目，青岛市农业"新六产"示范主体；2020年被评为山东省农业产业化示范联合体；2021年入选青岛西海岸新区第六届"琅琊榜"农业企业品牌，被评为青岛市2021年健康农业示范基地。

【基地特色】

★ 集食用菌工厂化栽培、生态养殖、有机肥生产、绿色种植、科技研发与销售于一体的绿色生态循环农业模式

★ 全国首家真正意义上的工厂化平菇栽培基地

★ 食用菌废菌渣用作生物发酵床垫料，生产优质有机肥料

★ 4.0功能型农业农交中心（农产品交易市场）以观念创新、服务创新、技术创新为运营基础，打破传统农产品交易模式

4.0功能型农业农交中心

【基地设施】200亩食用菌工厂化栽培基地，500亩畜禽养殖基地，200亩绿色种植基地，100亩农产品交易市场等。

平菇工厂化栽培基地

畜禽养殖基地

绿色种植基地

【培训活动】参观食用菌工厂化栽培基地、畜禽养殖基地、绿色种植基地、4.0功能型农业农交中心；参观并学习平菇工厂化栽培、阳光玫瑰葡萄种植技术。

【开放时间】每年2～3月。

【特色课程】

● 课程一：平菇工厂化栽培

1.栽培基质

配方为玉米芯45%，豆粕5%，麸皮15%，木屑33%，碳酸钙1%，石灰1%，少量尿素。调制含水量65%，pH 8左右。

2.发菌管理

一般接种后要求温度23～25℃，包心温度不得超过27℃。6天挑杂一次。接种后7～8天表面封面。菌丝黑暗生长，初期湿度不要超过

60%，过高易发生杂菌；湿度过高可用石灰除湿，按照每立方米0.5千克的比例放置，(0.5千克石灰能吸附0.15千克水)，后期湿度以60%～70%为宜，一般培养18天左右菌丝长满。

当菌丝长满全部培养料后，菌丝还要继续生长，表现为进一步浓白。尤其在伸长期，温度偏高，菌丝细弱，更需要生长，以便使其尽快成熟，此期也叫后熟期，需4～5天。后熟期结束后，菌丝停止生长并开始扭结形成原基。此期是菌丝阶段向子实体阶段转化的关键时期，此期管理的重点是：①降低温度，增大温差；②增加湿度，空气相对湿度达85%以上；③白天光照，抑制菌丝生长，促使菌丝扭结。以上三个条件如能及时满足，则能缩短成熟期，否则会延长成熟和推迟出菇。

3.出菇管理

菌丝长满后，白天温度调至15～25℃，晚上调至4～12℃，每天应给予散射光，白天光照，晚上关灯，促进形成子实体原基，在适宜温度下，菌丝经光刺激后的6～12天就能分化出原基。

促进幼菇迅速生长，控制湿度在85%～95%，并供给含充足氧气和低浓度CO_2的新鲜空气和较强的光线。

子实体发育过程中5个时期的管理：

①扭结期：不能喷水，出现白色或黄白色突起，有黄豆粒大，使塑料膜与料面形成孔隙，进入新鲜空气，使之开口催蕾，有利于菌丝扭结现蕾。

②菌蕾期：在扭结上形成米粒大小突起，促使原基分化，料面上不能喷水，加强通风换气。

③珊瑚期：原基伸长，菌蕾表面出现菌盖分化，不等长的原基、菌柄，此时料面可以用清洗机进行喷水或者用加湿器加湿。菌蕾形成后，加强水分管理是争取高产的关键。当菌蕾呈珊瑚状时，切忌再大量喷水，否则会因湿度过大而影响养分吸收，出现水肿、发黄、变软而大量死菇。菌盖分化长到1厘米以上时，要适当增加喷水量，加大通风，促进幼菇生长；此时切忌大风直吹，并防止温度剧烈变化，以防幼菇因失水萎缩死亡，或因气候骤变、养分倒流而造成死菇。幼菇生长期温度最好保持在10～18℃，每天喷水3～4次，使相对湿度保持在80%～90%。喷水时，要结合通风，勿使菌盖上留有水分，以免影响蒸发作用，造成病害。在温度适宜的条件下，一般经5～7天，当菌盖颜色变浅、边沿开始向上反卷并充分展开，菌柄与菌盖连接处有茸毛出现时，应及时采收。

④伸长期：菌柄粗，顶端呈现蓝灰色、扁球状，可分清菌柄、菌盖。每天料面喷水3～4次，促使子实体敦实肥厚，以提高单朵重量，此时必须注意温度、湿度、光线及通风量等几个因素的影响。

⑤成熟期：菌柄停止生长，菌盖加速生长。

初期：深灰色、半球形、中部隆起、边缘向下。

中期：菌盖展开、中间下凹、边缘平整、浅灰色，在中期适合采收。

后期：盖边缘波浪状、浅白黄灰色，大量散发孢子。

二茬管理基本与一茬平菇一样，平菇采收后，清理干净料面，停水2～3天，让菌丝恢复生长，然后喷水，增加空气湿度，加大菇房通风换气量，增加温差刺激，促使菌蕾尽快发生。如果培养料含水量不足应该进行注水。

4.清洗菇房

生产结束后要及时出料清场，对菇房和床架进行清洗和消毒处理。平菇生长发育过程中，会释放出大量废气和分泌物，被吸附在菇床及墙壁上，因此，对菇房及床架进行清洗，是比使用药剂消毒更为重要的预防措施。菇房停止使用期间，要处于通风状态，以免滋生杂菌。要做到移库前三天消毒，用臭氧机熏，消毒时菇房的通风口要全部关闭。

5.预防平菇畸形

（1）珊瑚菇

①病状特点：原基发生后，子实体不正常分化成形，菌柄呈重复分枝开叉状，不形成菌盖，或分化的菌盖极小，或菌盖出现二次分化形成密集珊瑚状，直接影响商品外观和食用价值。

②发生原因：原基形成后，菇床没有及时转入开放式通气供氧管理，在高 CO_2 浓度的闷湿条件下，子实体分化进程只能在原基到菌柄之间往返，原基分化期管理过程中，所处环境通风不良，供氧换气差，光照度偏弱（低于1勒克斯），CO_2 浓度偏高（0.12%～0.15%），菌盖的伸展受到抑制，不能正常分化成形。

③防治措施：菇场应具备良好的通风换气条件和适宜光照；原基发生后转入开放式管理；长菇环境的 CO_2 浓度不超过0.085%，白天光照度在1勒克斯以上。

畸形病状轻微的子实体，在通风和光照条件迅速改善后，只要加强管理，病状可减轻或消除，菇体分化、发育可恢复正常；病状严重的子实体，因早期发育缺陷较深，即使管理得到改善，也很难改变畸形，一般以摘除为宜。

（2）高腿菇

①病状特点：子实体各组成部分生长比例失调，主要表现为菌柄过长，菌盖偏小，故名高腿菇、长柄菇。高腿菇不影响食用，但鲜销及加工时往往损耗较大，市场竞争性弱。

②发生原因：原基期管理不善，使菌柄徒长，造成早期发育畸形（见珊瑚菇）；菇体发育进入分化期后，菇场通风换气不良，供氧差，CO_2 浓度偏高（0.085%～0.110%），光照度偏弱。

③防治措施：参考珊瑚菇的控制措施。

产菇阶段的菌袋会随着出菇数量增多和菇体发育体积增大，结合菇体外观形态的变化，应增加通风换气量和光照时间，特别是对供氧状况和光照条件较为敏感的品种，更应灵活掌握。

（3）粗柄菇

①病状特点：子实体分化后，菌盖发育迟缓，伸展慢，开片小或不开片，而菌柄的长速不减，特别是在伸长的同时不断增粗，质地较硬；病状严重的子实体，几乎成为无菌盖的"光杆菇"。粗柄菇组织结实，可以食用，但韧性强而商品价值低。

②发生原因：子实体分化后，由于环境温度过低，不能满足菌盖开片发育的需求，加上采用了封闭过于严密的保温防寒措施，使长菇环境供氧严重不足，又进一步抑制了菌盖的伸展开片，造成菇体内的养分运输长时间局限在菌柄中。多发生在冬季通气性差的菇场。

③防治措施：某些平菇品种的菌盖发育温度要比菌柄高出4℃左右，因此，产菇温度要满足菌盖生长发育的最低要求，至少要确保菌盖分化后到伸展开片时这段时间内温度不要过低。菌盖一旦开片，养分运输部位就会上升，此时即使温度略低，菌盖仍能缓慢发育，不会停滞。

低温条件下平菇生长速度虽然减慢，但呼吸代谢时需氧反应仍很敏感。所以，低温条件下，既要加强保温增温措施，以满足菇体正常发育所需的温度要求，也要利用白天气温较高的时间段，对菇床进行适当的通风换气，防止长时间缺氧给菇体发育带来负面影响。

（4）瘤盖菇

①病状特点：菇体发育过程中，菌盖表面出现疣瘤状赘生物，外观为突起的小疙瘩，多分布在菌盖近外缘处，呈环形或其他不规则形排列。

菇农称之为起泡、起皱。病状严重时，疣瘤增多，菌盖僵硬，生长停滞。瘤盖菇仅影响菇体外观，对菇质无不良影响。

②发生原因：瘤盖菇是由于菇体发育时所处环境温度过低，且低温持续时间过长，或者受强低温刺激，菌盖表面内外层细胞生长膨大不能同步，进而产生的一种组织增生的变形病状，严冬季节常有发生。

③防治措施：弄清所栽品种的菇体在正常发育时所能承受的最低温度，同时加强低温条件下的增温保温措施，减轻过低气温对菇体发育的影响。

菇体发育过程中，温度应控制在菇体发育的适温范围内。低温季节要保持温度相对稳定，防止温差过大，避免过低气温对菇体造成强刺激。通常，低温型品种宜控制在2～4℃以上，中低温型品种宜控制在8～10℃以上。

(5) 水肿菇

①病状特点：病菇形态基本正常或盖小柄粗，但菇体含水量高，组织软泡肿胀，半透明，色泽泛黄。感病重的菇体往往没采收就已停止生长或死亡，病菇触之即倒，握之滴水。

②发生原因：长菇阶段喷水过频过重，常积水，多余的水分不能蒸发，导致菇体生理代谢功能减弱，若继续喷水，便停止生长或逐渐死亡，最终形成水肿菇。此外，物理性损伤菇或成熟过度的菇体，其吸水力往往较强，即使管理用水正常，这类菇也能形成水肿状。水肿菇口感较差，货架期短，容易变质。

③防治措施：提高产菇期水分管理技术，用水时和用水后，必须保持一定的通风换气状态，不要让游离水在菇体上长时间附着，特别是出菇密集、菌盖重叠间隙小和柄短体型大的菇丛。

适时采摘，发现病菇要及时摘除，同时加强通风换气，调节好湿度，防止诱发其他病虫害。

(6) 萎缩菇

①病状特点：菇体分化发育后，尚未充分长大成熟便停止生长或死亡，呈干瘪开裂或皱缩枯萎状，色泽多呈黄褐色。

②发生原因：除了菇丛间个体生存竞争而造成的优胜劣汰外，主要是培养条件不适和管理不善。如菌丝长势差，菇体所需养分得不到满足；菌袋含水量低，失水严重，养分运输不畅，菇体所需水分供给不足，通风量过大，菇体水分散失过快；管理粗放，菇体有物理性损伤，呈僵滞

状；菇床上喷洒浓度过高的营养液（尿素液、糖水等），使菇体组织细胞出现生理性干旱等。

③防治措施：培养健康的、生理成熟度高的菌袋。控制好原基发生的密度。原基发生过密时，可采取疏蕾、早采等方法加以调整。出菇期间，水分管理要结合菇场空气湿度，菇体的大小和发生量，以及气温高低等具体情况，确定喷水量和喷水次数，并避免阳光直晒和干热风直吹。

6.其他

拌料用水以使用净化消毒过的水较为理想，培养料含水量在生料、发酵料中可控制在65%左右，熟料不宜超过70%。

出菇管理：平菇现蕾后，应注意通风、增湿工作。增加空气湿度，可向地面、墙壁、空中喷水，保持相对湿度在80%～90%。切忌直接向幼蕾喷水。随着菇体的长大，应增加菇房湿度，每天要轻喷、勤喷，加强通风换气，保持空气新鲜、湿润，以利于子实体正常生长发育。

● **课程二：阳光玫瑰葡萄种植**

1.建园

园地环境条件应符合《无公害农产品 种植业产地环境条件》（NY/T 5010）的规定。适宜葡萄栽培地区最暖月的平均温度在16.6℃以上，最冷月的平均温度在-1.1℃以上，年平均温度8～18℃。年降水量在800毫米以内为宜，采前一个月内的降水量不宜超过50毫米。年日照时数2 000小时以上。青岛地区的气候条件适合葡萄栽培，可以生产品质优良的鲜食葡萄。

葡萄园应根据面积、自然条件和架式等进行规划。规划内容包括作业区、品种选择与配置、道路、防护林、土壤改良措施、水土保持措施、排灌系统等。

品种应适合园地的立地条件和气候特点、土壤特点，具有优良的品种特性(成熟期、抗逆性和采收时能达到的品质等)，同时考虑市场、交通和社会经济等，综合以上因素，青岛绿色家园生物科技发展有限公司选择"阳光玫瑰"这一品种。

2.苗木定植

建议采用脱毒苗木。按顺行方向挖0.8～1.0米宽、0.8～1.0米深的定植沟改土定植。定植前对苗木消毒，常用的消毒液有3～5波美度的石硫合剂或1%硫酸铜或10%菌立克水剂500倍液。单位面积的定植株数依据品种、砧木、土壤和架式等而定。适当稀植是鲜食葡萄的发展方向。

秋栽在12月上中旬（上冻前）；春栽在3月下旬至4月上中旬；6月中下旬栽植营养杯绿苗（3叶1心）。

3.土、肥、水管理

（1）土壤管理　提倡葡萄园行间自然生草、人工种草或作物秸秆覆盖，提高土壤有机质含量。一般在新梢停止生长、果实采收后，结合秋季施肥进行深耕，耕深20～30厘米。秋季深耕施肥后及时灌水；春季深耕较秋季深耕浅，春季深耕在土壤化冻后及早进行。尚未生草或覆草的葡萄园，在葡萄行和株间进行多次中耕除草，经常保持土壤疏松、园内清洁，病虫害少。

（2）施肥

①施肥的原则：应符合《肥料合理使用准则》（NY/T 496）的规定。根据葡萄的施肥规律进行平衡施肥或配方施肥。使用的商品肥料应是在农业行政主管部门登记使用或免于登记的肥料。

②允许使用的肥料种类：有机肥料包括堆肥、沤肥、厩肥、沼气肥、绿肥、作物秸秆肥、饼肥、腐殖酸类肥、人畜粪尿加工而成的肥料等。微生物肥料包括微生物制剂和微生物处理肥料等。化肥包括氮肥、磷肥、钾肥、硫肥、钙肥、镁肥及复合（混）肥等。叶面肥包括大量元素类、微量元素类、氨基酸类、腐殖酸类肥料。

③施肥的时期和方法：葡萄一年需要多次供肥。于果实采收后秋施基肥，以有机肥（腐熟的圈粪、鸡粪、豆饼等）为主，并与磷、钾肥混合使用，采用深40～60厘米的沟施方法。萌芽前追肥以氮、磷肥为主，果实膨大期和转色期追肥以磷、钾肥为主。微量元素缺乏的园区，依据缺素的症状适量增施微肥。最后一次施叶面肥应距采收期20天以上。

④施肥量：依据地力、树势和产量的不同，参考每产100千克浆果一年需施氮0.25～0.75千克、磷0.25～0.75千克、钾0.35～1.1千克的标准测定，进行平衡施肥。

（3）水分管理　萌芽期、浆果膨大期和入冬前需要良好的水分供应。成熟期控制灌水。挖设排水沟渠，在地下水位较高、雨季出现积水时，及时排除积水。

4.整形修剪

（1）冬季修剪　根据品种特性、架式特点、树龄、产量等确定结果母枝的剪留长度及更新方式。结果母枝的剪留量为篱架架面8个/米²左右,棚架架面6个/米²左右。冬剪时根据计划产量确定留芽量:

留芽量=计划产量/(平均果穗重×萌芽率×果枝率×结实系数×成枝率)

(2)夏季修剪 在葡萄生长季的树体管理中,采用抹芽、定枝、新梢摘心、处理副梢等夏季修剪措施对树体进行控制、整理。

5.花果管理

(1)调节产量 通过花序整形、疏花序、疏果粒等办法调节产量。

(2)果实套袋 疏果后及早进行套袋,在花后15～25天(6月中下旬),当果粒长到豆粒大小时套袋。套袋要避开雨后的高温天气,套袋时间不宜过晚。套袋前全园喷布一遍内吸性杀菌剂。为了避免高温伤害,摘袋时不要将纸袋一次性摘除,先把袋底打开,逐渐将袋去除。

6.病虫害防治

贯彻"预防为主,综合防治"的植保方针。以农业防治为基础,提倡生物防治,按照病虫害的发生规律科学使用化学防治技术。化学防治应做到对症下药,适时用药;注重药剂的轮换使用和合理混用;按照规定的浓度、每年的使用次数和安全间隔期(最后一次用药距离果实采收的时间)要求使用。对化学农药的使用情况进行严格、准确的记录。

秋冬季和初春,清理果园中病僵果、病虫枝叶等,减少果园初侵染菌源和虫源。采用果实套袋措施。增施有机肥,合理负载,增强树势。合理间作,适当稀植。采用滴灌、树下铺膜等技术。加强夏季管理,避免树冠郁闭,创造不利于病虫害发生的环境条件,降低病虫害发生率。

7.采收

当浆果充分发育成熟,果皮呈浅绿色或绿色泛黄,表现出阳光玫瑰固有色泽和风味时采收,采收前15天停止灌水。采收应在天气晴朗的早上和下午气温下降后进行,避开中午高温时段采收。采收从9月下旬开始,延续到10月下旬。

【联系方式】

联系人:潘慧,电话18300219427

地址:山东省青岛市西海岸新区大村镇

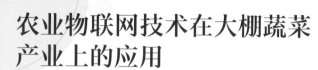

农业物联网技术在大棚蔬菜产业上的应用

——青岛绿色硅谷科技培训中心有限公司

【基地简介】青岛绿色硅谷科技培训中心有限公司位于山东省青岛市西海岸现代农业示范区直管区内，南侧靠近松云路（G204），北侧靠近世纪大道，西侧紧邻画家村路。2017年2月，山东省政府批准成立省级农业高新技术产业开发区。示范区围绕新区蓝莓、茶叶、食用菌、蔬菜、农业生态旅游等特色产业，积极推进一二三产业融合发展，重点建设青岛农业"国际客厅"核心区，着力打造乡村产业振兴的齐鲁样板。公司以蔬菜育种、高端蔬菜种植为主导业务，涉及设施蔬菜产业的核心内容和关键环节，建成国内最先进的智能温室。温室内操作环节全部采用计算机自动控制，应用物联网技术收集设施园艺种植环境温度、湿度、水分、光照、CO_2含量等数据信息，监视设施园艺作物灌溉施肥情况以及生长与病虫害情况，为现代设施园艺综合信息监测、环境控制以及智能管理提供科学依据；结合应用椰糠基质无土栽培、温湿度自动控制、CO_2自动补给、水循环处理、水肥自动供应、自动补光遮阳等六大系统以及熊蜂授粉、生物防治病虫害等国内外先进的种植技术和种植模式，以提高生产管理效率，提高农产品产量。公司主要生产高品质番茄、黄瓜、辣椒、茄子等蔬菜，以基地化生产、智能化管理、精细化包装、品牌化运作，保证产品"从田间到餐桌"全程质量安全，产品主要供应超市和连锁店，已成为远近闻名的蔬菜品牌。

【基地荣誉】2016年先后被授予农民田间学校、区级和市级新型职业农民

青岛绿色硅谷科技培训中心有限公司

培育实训基地；2017年被授予全国首批新型职业农民培育示范基地，全国农村创业创新园区（基地）；2018年被指定为上海合作组织青岛峰会蔬菜专供基地，授予青岛西海岸新区科普示范基地；2019年被授予全国蔬菜质量标准中心试验示范基地、乡村振兴工作先进集体；2020年被授予青岛市农业新技术试验示范基地、青岛市设施蔬菜育种专家工作站；2021年先后被授予国家农村产业融合发展示范园、西海岸新区研学旅游基地、智慧农业应用基地、青岛市优秀专家工作站。

【基地特色】

★ 以设施番茄为代表的现代化设施蔬菜种植基地

★ 视觉印象-信息化、科技化、智能化的现代农业大棚

★ 将数字农业广泛应用于农业生产

★ 青岛农业国际客厅

★ 独具特色的旅游采摘园

【基地设施】青岛农业国际客厅国际农业会展交易中心、日光温室、智能温室、多媒体培训教室、青岛农业文化展馆等。

【培训活动】参观青岛农业国际客厅国际农业会展交易中心；通过现场讲解体验智慧农业、科技农业；参观日光温室、智能温室，学习设施蔬菜生产管理技术。

【开放时间】一年四季。

番茄种植基地

智能温室内部

青岛农业文化展馆

青岛农业国际客厅

【特色课程】

● **农业物联网技术在设施蔬菜大棚中的应用**

1.蔬菜温室大棚控制系统构建

一个完整的蔬菜温室大棚自动控制系统包括数据采集、数据传输、数据分析和生产操作系统等部分，每个部分在蔬菜生产中具有不同的功能，这些功能组合起来完成蔬菜生产的全过程。

2.蔬菜温室大棚物联网环境自动控制系统（大数据中心）主要包括以下几个分系统部分：

（1）数据采集系统 数据采集系统由无线传感器、供电电源或者蓄电池等组成；现场的监测元件包括空气温湿度、CO_2浓度、土壤温湿度、土壤养分监测元件等。数据采集系统主要负责温室大棚内部的光照、温度、湿度和土壤含水量及营养成分等数据的采集和控制。

（2）数据传输系统　数据传输系统由数据采集传感器，包括温度传感器、湿度传感器、光照度传感器、光合有效辐射传感器、土壤温湿度传感器、CO_2传感器、风向传感器等组成。可以通过有线网络/无线网络访问上位机系统业务平台，实时监测大棚现场的传感器参数，控制大棚现场的相关设备。

数据采集中心

（3）数据分析系统　数据分析及显示部分包括电脑、软件、无线接收模块、报警系统，依据不同的环境、作物、生长期实施不同的控制方案。

（4）实地环境操控系统　该系统包括的灌溉控制系统可对滴浇灌和微喷雾系统进行控制，实现远程自动灌溉；土壤环境监测系统则利用土壤水分传感器、土壤湿度传感器等获取土壤水分、湿度等数据，为灌溉控制系统和温湿度控制系统提供环境信息；温湿度监控系统可利用高精度传感器来采集农作物的生长环境信息，设定环境指标参数，当环境指标超出参数范围时，可自动启动风机降温系统、水暖加温系统、空气内循环系统等，以进行环境温湿度的调节。

【联系方式】
联系人：张晓丽，电话 18561881090
地址：山东省青岛市西海岸新区青岛绿色硅谷科技园

严格把控，做精绿色蔬菜生产
——青岛盛客隆现代农业集团有限公司

【基地简介】青岛盛客隆现代农业集团有限公司成立于2011年，坐落于山东省青岛市西海岸新区大场镇保子埠村，拥有占地面积1 800亩的国家级现代农业蔬菜标准示范园，现有各类高标准温室设施120余栋，种植蔬菜50余种，年产量9 500吨，是青岛地区最大的蔬菜种植基地，依托盛客隆集团旗下24家直营门店形成稳固的自有产供销体系。

盛客隆现代农业示范园

自成立以来，基地始终坚持原生态种植、设施化栽培、机械化生产与标准化操作，不断研发、引进新技术、新品种与新项目，将现代生物技术、环境调控技术、施肥灌溉技术、信息管理技术贯穿蔬菜种植全过程，通过对备茬、育苗、生产、采摘、分拣、运输的每一个环节进行严格把控，在保证蔬菜安全的前提下追求更高的品质，确保蔬菜质量安全、数量充足、品相一流。

　　【基地荣誉】历经11年的发展，盛客隆现代农业蔬菜种植基地被评选为上合青岛峰会农产品专供基地、2019年海军节农产品专供基地、全国蔬菜标准园示范基地、全国农村创业园区（基地）、山东省农业产业化重点龙头企业、山东省省级扶贫龙头企业、山东省省级农业旅游示范点、青岛市市控蔬菜基地、青岛市"菜篮子"工程蔬菜储备基地、青岛农业大学"产学研"科研基地、青岛市未成年人"社会课堂"场馆（场所）、青岛市中小学生研学旅行基地。2018年，盛客隆蔬菜获得青岛农产品品牌形象标识；2020年盛客隆蔬菜喜获山东省知名农产品品牌称号；2021年6月，盛客隆番茄、

蔬菜标准示范园

黄瓜、茄子、辣椒、甜椒、西葫芦、芹菜、樱桃番茄等被认证为国家级绿色食品。

【基地特色】

★ 国家级现代农业蔬菜标准示范园，生产具有品牌特色的蔬菜产品

★ 占地面积100多亩的现代农业观光园，集品种观赏、果品蔬菜采摘、儿童科普展览于一体

★ 有机肥生产加工车间，年处理秸秆、蔬菜净菜加工尾菜、菌渣、豆腐渣等农业生产废弃物1 000余吨

★ 种苗繁育研发中心培育优质种苗，精准服务本地企业和农户

★ 开展桂花园生态鸡养殖产业，基于"绿色种植、生态养殖"理念散养的生态鸡，只只赋码，安全可追溯

【基地设施】包括高标准日光温室、玻璃温室、拱棚、连栋温室等设施的现代农业蔬菜标准示范园、容纳300人的培训教室、组织培养实验室、蔬菜农残检测室、土壤检测实验室、拥有全自动化生产加工线的水兵厨房。

【培训活动】参观现代化温室大棚；通过讲解学习育苗技术、绿色蔬菜种植管理技术。

【开放时间】一年四季。

【特色课程】

● 课程一：蔬菜育苗技术

蔬菜育苗是多种蔬菜生产技术的一个重要环节，是获得蔬菜早熟、高产、高效、优质的有效调控手段。设施蔬菜的发展为蔬菜的周年生产供应提供了可能。要实现蔬菜的周年生产供应，做好蔬菜育苗是前提和基础，俗话说"好苗半季产"，这充分体现了育苗的重要性。几乎所有的设施栽培蔬菜都需要育苗。蔬菜育苗是争取农时、增多茬口、提早成熟、延长供应、减少病虫害、增加产量的一项重要措施。育苗还可以节约用种，便于集中管理、培育健壮秧苗。

1.蔬菜播种育苗

（1）营养土的配制　蔬菜育苗时，最好使用比较肥沃的大田土壤作为床土。土质以沙壤为好，忌用田土。营养土是指用大田土、腐熟的有机肥、疏松物质（如草炭、细沙、细炉渣、碳化稻壳等）、化学肥料按一定比例配制而成的育苗专用土壤。

（2）育苗床土的要求　具有高度的持水性和良好的透气性；富含矿

物质和有机质，一般要求有机质的含量不低于5%，以改善土壤的通气透水能力；具备幼苗生长必需的营养元素，如氮、磷、钾、钙等；具有良好的生物性，富含有益微生物，不带病原体和害虫。

（3）营养土消毒 营养土消毒是营养土配制过程中的重要环节，是为了防止土壤带菌传病。消毒方法分为物理消毒（蒸汽消毒、太阳能消毒）和化学消毒（药土消毒、熏蒸消毒、喷洒消毒）。

（4）播种前的种子处理 播种前种子进行消毒，同时利用其他物理及化学的方法进行种子处理，可以去除种子表面的病原体，确保蔬菜种子迅速发芽，出苗整齐，幼苗生长健壮，从而提高播种质量，促进早熟。

种子的浸种催芽，能够缩短蔬菜出苗期，确保出苗整齐，为培育壮苗打下基础。浸种根据水温可分为一般浸种、温汤浸种和热水烫种。

（5）蔬菜育苗播种 播种时间的确定要根据相应蔬菜的日历苗龄倒推，理论上的蔬菜日历苗龄要取决于蔬菜种类、栽培方式、育苗设施、育苗方法等。实际日历苗龄除了考虑理论日历苗龄外还要考虑定植前炼苗天数。

种子大小决定播种方式，例如茄果类、甘蓝类等中小粒种子类蔬菜大田栽培可采用撒播；豆类、瓜类等大粒种子宜用点播方式。

（6）苗期管理 出苗前要求较高的温度，一般控制在25～30℃，有利于出苗；子叶出土到真叶出现的这段时间易徒长，可以小放风，使温度稍降，防止徒长；定植前大通风，降低温度，锻炼幼苗，提高定植后的存活率。

苗期水分管理十分重要，浇水要根据幼苗生长状况和天气情况来决定，一般在晴天上午浇水，阴天和温度低的时候不浇水，这样可以有充足的时间来恢复苗床温度，使叶片上的水蒸发，降低湿度，减少苗期病害。

通风换气通常指放风管理，通过放风降低育苗棚室内的温度，控制苗的徒长，培育壮苗。放风时间的早晚、长短要根据天气和苗大小确定。一般晴天可早放风、大放风、长时间放风，阴天则小放风、短时间放风。

当幼苗长出第一片真叶时应当及时追肥，采用根际灌肥的方式进行追肥，应当注意使用育苗专用肥，用量不宜过多，防止造成肥害。

（7）育苗中常见问题及对策 在蔬菜育苗中，因天气及管理不当，秧苗容易出现各种不正常的生长现象，如播后不出苗、出苗不齐、徒长苗、老化苗等。针对这些问题给出相应的解决方法。

播后长期不出苗可能原因包括：种子质量不好；种子携带病原体，播种后的环境适宜病原体发育，侵害种子，影响种子出苗；苗床温度长期低温高湿，通气能力差，导致种子腐烂无法出苗；苗床过干，种子无法发芽等。

解决方法：①严格在有效期内使用种子。②播种前做好发芽试验，选择芽率高的种子播种。③种子消毒，通过热水烫种或化学试剂处理种子，消除病原体。④做好育苗环境管理。

2.穴盘育苗

穴盘育苗就是用草炭、蛭石、珍珠岩等轻质无土材料作为基质，以不同孔穴的穴盘为容器，通过精量播种、覆盖、压土、浇水等一次性成苗的现代化育苗技术。比常规育苗苗龄缩短10～20天，成苗快，无土传病害，而且幼苗根系完整，移栽定植不伤根，缓苗快，成活率高。

穴盘的选择：瓜类如南瓜、西瓜、冬瓜、甜瓜的育苗多采用50穴盘，番茄、茄子、黄瓜多采用72穴盘或者128穴盘。

基质的配制：穴盘育苗要求基质无菌、无虫卵、无杂质，有良好的保水透气性。

3.组织培养育苗（脱毒苗的培育）

植物组织培养是指在无菌和人工控制的环境条件下，利用适当的培养基，对脱离母体的植物器官、组织、细胞及原生质体进行人工培养，使其再生形成完整植株的技术。利用此技术可快速大量的获得脱毒蔬菜种苗。

● 课程二：番茄绿色种植栽培技术

1.番茄品种类型

包括有限生长型、无限生长型。

有限生长型指主茎生长2～4个花序后顶端也会形成花序，不再发生延续枝，也称自封顶。无限生长型指主茎生长8～10片叶后着生第一个花序，以后每隔2～3片叶子着生1个花序，条件适宜时可无限着生花序，不断开花结果。

2.番茄的生物学特性

形态特征：根系发达；茎为半直立，需搭架栽培，腋芽萌发能力极强；单叶互生，羽状深裂，有特殊气味；完全花，花冠黄色；多汁浆果，果实有圆形、扁圆形、卵圆形、梨形、长圆形等，颜色有粉红、红、橙黄、黄色。大型果5～7个心室，小型果2～3个心室；种子扁平，肾形，具茸毛，发芽年限3～4年。

生长发育周期：分为发芽期、幼苗期、开花着果期、结果期等。

环境条件：包括温、光、水、肥4个方面。结果期白天温度控制在25～28℃，晚上温度控制在16～20℃，适宜地温20～22℃；番茄喜欢充足光照，低光寡照容易引起落花，强光伴随高温干旱则会引起卷叶、坐果率低或果面损伤；属于半耐旱作物，在较低空气湿度下生长良好；番茄对土壤条件要求不严，适合微酸性至中性土壤，需肥量大，后期需增施磷、钾肥，生长期间缺钙易引发果实生理障碍。

3.栽培技术

（1）日光温室冬春茬栽培技术

①品种选择：宜选择果实形状、颜色符合当地消费习惯且结果期长、产量高、品质好、耐贮运的中晚熟品种。

②整地定植：温室消毒，翻地施有机肥，造底墒，做小高畦，定植。小行距60厘米，大行距90厘米，株距40厘米。

③温光调节管理：缓苗期闭棚升温，高温高湿条件下促进缓苗，超过30℃时适当降温；缓苗后白天温度控制在20～25℃，夜间温度控制在13～17℃；结果期依据"四段变温管理"，即上午25～28℃促进植物光合作用，下午光合作用减弱温度降至20～25℃，前半夜温度保持在15～20℃促进同化物运输，后半夜温度控制在10～12℃，抑制呼吸作用消耗；整个生长期注意补光。

④水肥管理：第一穗果膨大期一般不浇水，缓苗后每周喷施1次磷酸二氢钾溶液；第二穗果长至核桃大小时结合滴灌进行追肥，每亩追施磷酸二铵15千克，硫酸钾10千克或三元复合肥25千克。

⑤植株管理：单干整枝即除主干外所有侧枝全部摘除，留3～5穗果实，在最后一个花序前留两片叶子摘心。

⑥保花保果措施：利用番茄电动振动棒授粉操作方便，省工省力，具有提高坐果率、防病增产的效果，且能达到蔬菜绿色生产的标准。

⑦疏花疏果：大果型品种每穗留果3～4个，中型果留4～5个。具

体操作：疏花在大部分花朵开放后，疏掉畸形花和开放较晚的小花；疏果待果实坐住后，把发育不整齐、形状不标准的果疏掉。

（2）塑料大棚秋延后栽培技术

①品种选择：根据秋番茄生长期的气候条件应选择既耐热又耐低温、抗病毒病、丰产、耐贮的中晚熟品种。

②播种育苗：种子进行包衣处理杀菌消毒，苗床避雨、遮光、保温、通风。苗期防治白粉虱以及防止苗徒长。苗龄20～25天，4片叶左右移栽。

③定植：定植前每亩撒施有机肥4 000～5 000千克，沟施高钙中微肥20千克，定植株距40厘米。

④田间管理：定植水浇足后，及时中耕松土，不旱不浇水，进行蹲苗；第一穗果达核桃大小时，每亩随水冲施磷酸二铵15千克，硫酸钾10千克，同时叶面喷施0.3%磷酸二氢钾；以后根据植株长势进行追肥灌水，15天左右追1次肥，数量参照第一次追肥；前期浇水可在傍晚进行，有利于加大昼夜温差，防止植株徒长。

（3）番茄常见生理病害及其防治技术

①脐腐病：番茄脐腐果发生的原因目前尚未明确，多数人认为是果实缺钙所致。防治措施：土壤中应施入消石灰或过磷酸钙作为基肥；追肥时要避免一次性施用氮肥过多而影响钙的吸收；定植后勤中耕，促进根系对钙的吸收；及时疏花疏果，减轻果实间对钙的争夺；坐果后30天内，可叶面喷施1%的过磷酸钙或0.1%氯化钙。

②裂果：主要是高温、强光、土壤干旱等因素，使果实生长缓慢，如突然灌大水，果肉细胞吸水膨大太快，果皮细胞因老化无法与果肉膨大同步而开裂。为防止裂果的发生，除选择不易开裂的品种外，管理上应注意均匀供水，避免水分忽干忽湿，特别应防止久旱后过湿。植株调整时，把花序安排在架内侧，靠自身叶片遮光，避免阳光直射果面而造成果皮老化。

【联系方式】

联系人：董璇，电话18363932302

地址：山东省青岛市西海岸新区珠山路1557号

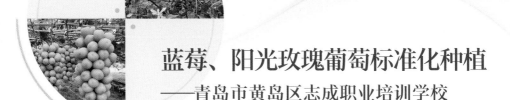

蓝莓、阳光玫瑰葡萄标准化种植
——青岛市黄岛区志成职业培训学校

【基地简介】青岛市黄岛区志成职业培训学校位于山东省青岛市西海岸新区珠海街道办事处，园区周边生态环境良好、交通便利，距青岛西站6.4千米，距地铁13号线6千米。产业园面积近百亩，以种植蓝莓、阳光玫瑰葡萄等特色水果为主，集种植生产、储存保鲜、物流配送、市场网络营销于一体，同时开展休闲采摘项目，为新区人民带来高品质水果和健康的休闲旅游活动。

基地服务大厅

蓝莓种植基地

【基地特色】

★ 蓝莓、阳光玫瑰葡萄标准化种植园

★ 特色休闲采摘，体验蓝莓、葡萄带来的味蕾满足

★ 体验当地风情餐饮

【基地设施】规模化蓝莓和阳光玫瑰种植园、观光步道、休憩小屋。

【培训活动】参观体验园区蓝莓、阳光玫瑰葡萄标准化种植区；通过讲解学习蓝莓、阳光玫瑰葡萄主要管理技术；体验小型植物种植和蓝莓采摘。

【开放时间】一年四季，4月下旬至5月中下旬有蓝莓特色采摘活动。

阳光玫瑰葡萄种植基地

阳光玫瑰葡萄

【特色课程】

● 课程一：蓝莓栽培技术

1.园地选择

蓝莓栽植宜选择东坡、南坡地的中下部，坡度小于30°，坡度大时要修筑梯田，尽可能选择土壤疏松、肥沃、排水性能好、湿润但不积水的地方建园。

蓝莓生长需强酸性土壤条件，栽培蓝莓关键要进行土壤改良，调节土壤pH至5左右，土壤有机质含量不低于5%。

2.品种选择

长江中下游地区土壤黏性强地块优先选择适应性强的品种如南金、兔眼灿烂、绿宝石等。南方湿润凉爽的小气候地区可以选择种植部分南高丛品种如薄雾、奥尼尔、绿宝石、珠宝等。北方地区以北高丛蓝莓为主，设施内建议种植北高丛早熟大果品种如公爵，或南高丛早熟品种奥

尼尔、薄雾等。考虑人工、管理等因素，连片园地面积不宜过大(建议100～300亩)，品种不宜过多(2～3个品种)，以方便管理。

3.土壤改良

为了彻底改善蓝莓生长土壤环境，推荐彻底改良土壤，全园通改。

栽植前一年秋季将全园土地先进行深翻40～60厘米以上，挖好排水沟，缓坡整成平缓坡度，撒施硫黄粉。硫黄粉具体用量需根据测定的土壤pH确定，为保证均匀可分2次撒施旋耕。园区旋耕深翻，再次旋耕前每亩物料投入量为草炭5米^{3}左右，有机肥3吨左右，锯末或直径3～5厘米大小的树皮覆盖厚度5～10厘米，每亩30～50米^3。

为避免锯末造成缺氮，还需要随锯末同时加入每亩15千克尿素，或其他种类氮肥。保证各种物料与园土混合均匀。起垄后改良的土壤基本都回到垄上。

4.定植

定植时间：蓝莓的定植在春、秋、冬均可，东北地区春末栽植最佳。

苗木选择：苗木高度以35～50厘米为宜，有2个以上直立健壮枝，主干枝条健康，老弱枝条少。根系浅黄，发达，不发黑，无盘根现象。

定植方法：定植时垄上挖定植穴，大小一般在40厘米×40厘米×40厘米左右。底部加有机肥5千克、复合肥30～50克做底肥，加入后与土拌匀，留在底

蓝莓苗圃

层。覆一层土，再在上面加一些草炭、杀虫剂与土混合拌匀后准备定植。

定植时提前将营养钵苗放入水中泡透，从钵中取出，稍稍抖开根系，在已挖好的定植穴上再挖1个大约20厘米×20厘米的小坑，将苗栽入，轻轻踏实，浇透水，盖上松针、稻秸、锯末等保湿保酸，覆盖物高出地面15～30厘米为宜。

栽后管理：在定植后浇定根水，浇水下沉后根基部与垄面平齐，不能栽植过深或过浅。在杂草长出前覆膜防草，秋冬季定植后休眠期进行平茬，春季栽培的尽快平茬。

5.施肥管理

基肥：最适宜施用时间是秋季叶片变色至落叶之前，早施效果好于

晚施。一般以腐熟的羊粪、牛粪、兔粪沟施，盛果期树10～15千克/株，幼树5千克/株。

追肥：追肥时期在叶芽萌芽期和花前、花后。以速效性肥料为主，建议配合淋施海精灵生物刺激剂根施型300倍液；采果后可以少量施磷、钾肥，避免多施氮肥引起嫩枝徒长，促进根系生长，枝条健壮。

6.水分管理

蓝莓幼果发育期水分供应要充足且稳定，忌忽干忽湿，否则很容易造成红果、出水果。干旱时间预报超过7天时，保证5天内浇足1次水，浇水尽量避开外界温度高的正午时段。

蓝莓对涝害敏感，必须及时排涝，建园时规划排灌设施要与当地历史极端洪涝天气相结合，这在南方平地蓝莓种植中尤为重要。

7.杂草管理

蓝莓园禁止使用除草剂，所有除草剂均可对蓝莓植株产生药害。

生产上，为了控制杂草，一般选用秸秆、树皮、木屑等进行地面覆盖，不但能够控制草害，覆盖的植物腐烂淋溶进入土壤后有很好的降酸作用，也可增加土壤肥力，减少缺素症，促进蓝莓生长、增产，提高品质。

8.修剪整形

蓝莓为多年丛生小灌木，其整形修剪与大宗水果不同，要调节好营养生长和结果关系，定期疏除弱枝、结果枝和老化枝。

一年中以夏剪、冬剪为主。冬剪，弱树复壮、强树控产；夏剪，强树去密、促壮。

幼树期：定植苗平茬修剪后，新生枝条增多，夏季应注意及时摘心，次年及时疏除花芽，及早培养树势。

结果初期：生长正常的初结果树，结果当年一般留结果枝20～30条，便可获得0.5～1千克的产量，长势偏弱的可以回缩掉大部分结果枝。

盛果期：该时期修剪的任务是维持健壮树势，合理负载，一般保留结果枝70～100条，使其高产、稳产、优质，延长盛果期年限。

9.花果管理

授粉：初花期开始放蜂。设施内采用熊蜂授粉。露地栽培5亩地左右放置1箱蜜蜂(每箱蜜蜂1万～2万只)。

南方地区花果期避雨：南方多雨地区花期、果期多阴雨，严重的可影响坐果率、影响果实采摘与品质，可采用避雨棚栽培，在花中期上膜，尾果期撤膜。

北方地区花期应对干热风：北方地区冷棚、露天4月中旬花期干旱少雨，一旦遇上高温天气，空气湿度常常低于20%，蓝莓花冠常常萎缩枯黄，对蓝莓雄蕊花粉活力和雌蕊柱头影响较大，造成授粉不良，要注意浇水补湿。

10.病虫害防控

蓝莓病虫害少，常见病害有白粉病、霜霉病等；虫害有蚜虫、螨类、果蝇、天牛、金龟子等。

要以预防为主、综合防治，保护利用各类天敌，保持蓝莓园内生态平衡，优先采用物理防治和生物防治，必要时采用化学防治，但要使用低毒、安全的药剂，并注意安全隔药期。

杀虫灯

● **课程二：阳光玫瑰的水肥管理及病虫害防治**

1.水肥管理

（1）施肥时间及用量　催芽肥在发芽前7～10天冲施。具体施肥方法：施矿源黄腐酸钾2千克/亩，平衡型水溶肥（20-10-20）5千克/亩。（根据树势使用）如基肥未添加菌剂，建议同时冲施2千克复合菌。

萌芽后2～3叶期喷施果不胜收氨基酸水溶肥500～800倍液，可搭配杀菌剂使用。如基肥未添加钙肥和菌剂，建议滴灌钙镁硼中量元素5千克/亩。

3～5叶期冲施平衡型水溶肥5千克/亩，果不胜收氨基酸水溶肥1千克/亩。

5～7叶期喷施糖醇海藻钙镁硼锌肥500～800倍液。

花序分离期（7～9叶期）花前15天左右冲施钙镁硼中量元素5千克/亩。

开花前施催花肥，开花前1周左右冲施平衡型水溶肥2千克/亩+磷酸二氢钾3千克/亩，喷施糖醇海藻钙镁硼锌肥500～800倍液+矿源黄腐酸钾1千克/亩。

保果后—膨大期冲施、喷施肥料。具体施肥方法：无核处理后当天浇水施肥，施平衡型水溶肥4千克/亩+果不胜收氨基酸水溶肥1千克/亩+复合菌1千克/亩。5天后，施平衡型水溶肥5千克/亩+矿源黄腐酸钾1千克/亩+糖醇海藻钙镁硼锌肥500～800倍液。3天后，施钙镁硼中量元素5千克/亩。上次施肥后3～4天，施平衡型水溶肥5千克/亩+矿源黄腐酸钾、糖醇海藻钙镁硼锌500～800倍液。3天后，施钙镁硼中量元素5千克/亩。

膨大期冲施、喷施壮果肥。具体施肥方法：施平衡型水溶肥5千克/亩＋果不胜收氨基酸水溶肥1千克/亩＋糖醇海藻钙镁硼锌500～800倍液。根据树势适当调整肥料用量。上次施肥后3～5天，施钙镁硼中量元素5千克/亩。间隔5天，施平衡型水溶肥5千克/亩＋矿源黄腐酸钾1千克/亩。间隔7天追施，施平衡型水溶肥5千克/亩＋糖醇海藻钙镁硼锌肥500～800倍液。

硬核期，谢花后45天至谢花后60天冲施肥料。具体施肥方法：施钙镁肥5千克/亩。间隔5天，施平衡型水溶肥3千克/亩＋高钾水溶肥（7-10-37)2千克/亩＋矿源黄腐酸钾1千克/亩＋复合菌1千克/亩。去果粉用昆仕江500～600倍液喷果，使用1～2次。

硬核期（软果期）喷施糖醇海藻钙镁硼锌肥500～800倍液。

第二次膨大期，果粒微软期冲施肥料。具体施肥方法：施平衡型水溶肥2千克/亩＋高钾肥3千克/亩＋矿源黄腐酸钾1千克/亩。

间隔7天，施高钾肥（7-10-37）5千克/亩＋矿源黄腐酸钾1千克/亩。间隔7天，施高钾肥（7-10-37）5千克/亩。

上糖增香期冲施肥料。距上次施肥间隔7天，施高钾肥5千克/亩＋矿源黄腐酸钾1千克/亩。间隔7天，施高钾肥5千克/亩＋矿源黄腐酸钾1千克/亩。间隔7～8天，施高钾肥3千克/亩＋磷酸二氢钾2千克/亩。

采收后施月子肥，冲施平衡型水溶肥8千克/亩＋微生物菌剂1千克/亩。

（2）水分管理　葡萄是忌涝较耐干旱的树种，要想达到高产、优质，不仅应在合理施肥的基础上做好肥后灌水工作，还要根据葡萄各个需水期、土壤条件及气候条件做好水分管理，即做到旱涝保收，土壤干旱时能灌，雨水多时能排。

①花前灌水：此段时间是从树液流动、萌芽到开花前。此期芽眼萌动、新梢速长、花序发育，也是根系生长高峰，是葡萄需水的高峰期。可在萌芽前后、开花前各灌1次水。

②花期控水：从初花至末花期。花期遇雨影响授粉受精，同样，花期灌水会引起枝叶旺盛生长，营养物质大量消耗，影响花粉发芽和授粉受精，导致落花落果严重，因此，在开花前应避免灌水。

③浆果膨大期灌水：从生理落果到浆果着色前。此期新梢生长旺盛，叶片蒸腾量大，浆果进入第一次生长高峰，这时应每隔10～15天灌水1次。

④浆果硬核期：此期果实对温度比较敏感，尤其是红提、美人指等欧亚种，应适当灌水，从而提高地面以上空气湿度，降低气温，也为自

身温度调控提供充足的水分，减少生理病害，如日灼。灌水时注意避开中午高温期，否则加重日灼病的发生。

⑤浆果成熟期控水：从浆果始熟期至完全成熟。浆果成熟期水分过多，将影响着色和增糖，降低品质，并易发生各种真菌病害和裂果。

⑥秋冬季灌水期：这一时期时间很长。果实采收后，树体养分、水分消耗很大，而枝叶再次旺长均需要补充水分，应结合施基肥进行灌水。

2.病虫害防治

①绒球期：铲除越冬虫害并防治双棘长蠹、介壳虫、绿盲蝽、斑衣蜡蝉（卵）。淋浴喷洒3～5波美度石硫合剂，并喷辛硫磷1 000倍液。

②2～3叶期：防治绿盲蝽、双棘长蠹、金龟子、黑痘病。喷波尔·锰锌600倍液或甲基硫菌灵1 000倍液，加入毒死蜱1 500倍液。

③7叶期：防治斑衣蜡蝉、灰霉病、黑痘病。喷福美双600倍液或代森锰锌1 200倍液或亚胺唑800～1 000倍液、吡虫啉1 200倍液。

④花前期：防治灰霉病、霜霉病、透翅蛾、绿盲蝽、蓟马。喷施噁唑菌酮1 000倍液＋50%嘧霉胺1 500倍液＋阿维菌素1 000倍液或高效氯氰菊酯2 000倍液。

⑤落花后：防治穗轴褐枯病、黑痘病、霜霉病、灰霉病、蓟马、茶黄螨。喷苯醚甲环唑1 500倍液＋嘧菌酯2 000倍液，第二次喷波尔·锰锌600倍液＋噁酮·氟硅唑2 000倍液。防治害虫喷灭多威2 000倍液。

⑥套袋前：防治果穗上各类病害，用嘧菌酯1 500倍液＋咪鲜胺800～1 000倍液喷施。注意用钙肥喷果穗补钙。

⑦7月：防治黑痘病、炭疽病、白腐病、霜霉病、天蛾、叶蝉。喷1:(0.7～220)波尔多液以及波尔·锰锌600倍液＋百菌清600倍液＋敌敌畏800倍液。

⑧8月：防治霜霉病、白腐病、炭疽病、金龟子。施用噁唑菌酮800倍液或波尔·锰锌600倍液＋亚胺唑1 000倍液或福美双600倍液。

⑨成熟期：防治霜霉病、炭疽病、白腐病。施用波尔多液＋甲霜灵1 000倍液或霜脲·锰锌500～700倍液。

⑩采收后：施用1:1.2:160的波尔多液。

【联系方式】

联系人：董启勇，电话18863963888

地址：山东省青岛市西海岸新区珠海街道办事处

中华蜜蜂养殖与管理
——青岛山色红樱桃种植专业合作社

【基地简介】青岛山色红樱桃种植专业合作社，地处山东省青岛市城阳区夏庄街道东部山区，三面环山，山林资源丰富，周边有近两万亩山林，蜜粉源植物充足，适合中华蜜蜂规模性养殖，属于崂山水库上游的上山色峪村。合作社于2017年引进中华蜜蜂养殖项目，2019年与青岛市畜牧工作站合作，成立"中华蜜蜂养殖技术试验与示范基地"，期间合作开展了"免移虫育王技术""智能蜂箱技术""中蜂养殖与授粉技术"等中华蜜蜂养殖技术的试验与推广；2019年完成了城阳区蜜蜂养殖标准化示范场建设；2020年，为更好地开展中华蜜蜂养殖，完善了中华蜜蜂养殖各项工作制度和养殖措施，创建省级中华蜜蜂保种场。

基地景观

为更好的发展蜂业文化，合作社依托试验与示范基地相关技术和特有的蜜蜂文化，打造蜜蜂文化科普基地一处，基地内分别设有蜜蜂文化科普馆和百姓讲堂各一处，并在基地内安装蜜蜂文化科普相应展牌和指向牌。同时，在基地内根据不同群体的需求，开展各项亲子类、科普类教育等多种活动。

蜜蜂文化科普基地

百姓讲堂

蜜蜂博物馆

【基地特色】
★ 以中华蜜蜂养殖为代表的养殖场
★ 中华蜜蜂养殖试验与示范基地
★ 以蜜蜂为主题的科普基地和蜜蜂博物馆
★ 欣赏岛城山区特色风光

【基地设施】蜜蜂文化科普基地、蜜蜂博物馆、容纳60人的教室。

【培训活动】参观蜜蜂文化科普基地和蜜蜂博物馆；通过讲解学习并实践中华蜜蜂养殖与管理技术。

【开放时间】一年四季。

【特色课程】

● 中华蜜蜂养殖与管理技术

1. 中华蜜蜂科学饲养技术

中华蜜蜂简称中蜂、土蜂，是我国土生土长的蜂种。与西方蜜蜂相比，中蜂有很多西方蜜蜂不可比拟的优良特性，采集勤奋、个体耐寒能力强、节约饲料、飞行灵活、可躲避胡蜂、善于利用零星蜜源和冬季蜜源以及抗敌害和抗病能力强。但是，中蜂也有缺点，分蜂性强、蜂王产卵量低、不易维持强群、采蜜量低等。

（1）蜂群排列　中蜂认巢能力差，但嗅觉灵敏，迷巢错投后易引起斗杀。因此，中蜂排列不能像西方蜜蜂那样整齐紧密，应根据地形、地物尽可能分散。各群巢门的朝向也应尽可能错开。

（2）工蜂产卵处理　工蜂产卵蜂群比较难处理，既不容易诱王，也不容易合并。失王越久，处理难度越大。所以，失王应及早发现，及时处理。防止工蜂产卵关键在于防失王。蜂群中大量的小幼虫，在一定程度上能够抑制工蜂的卵巢发育。发生工蜂产卵，可视失王时间长短和工蜂产卵程度，采取诱王、诱台、蜂群合并、处理卵虫脾等。

（3）迁飞处理　中蜂迁飞是蜂群躲避饥饿、病害、敌害、人为干扰以及不良环境而另择新居的一种群体迁居行为，也称为逃群。在易发生迁飞的季节，可在巢门前安装控王巢门，防止发生迁飞时蜂王出巢。一旦发现巢内无卵虫和无贮蜜，应立即采取措施，如蜂王剪翅、调入卵虫脾和补足蜜粉饲料等。然后再寻找原因，对症处理。为防止多群相继迁飞，在发生蜂群迁飞的同时，将相邻蜂群的巢门暂时关闭，并注意箱内的通风。待迁飞蜂群处理后，再开放巢门。

2.中华蜜蜂免移虫育王技术

蜂王是蜂群的核心，蜂王质量关系到蜂群群势强弱和产量高低。中华蜜蜂免移虫育王技术利用蜜蜂仿生学原理，在培育蜂王的过程中避免移虫（卵）对蜂王的损伤。同时当前养蜂从业人员年龄普遍偏大，受视力下降影响移虫（卵）困难，免移虫技术有效解决了这一问题。

（1）选择种用蜂群

①选择父母群：选择蜂蜜产量超过全场平均产量、分蜂性弱、群势发展快的健壮无病的蜂群作为父母群。以父群培育雄蜂，用母群的幼虫培养蜂王。要选择和使用多个蜂群作为父群和母群，并且定期从种蜂场引进同一品种不同血统的蜂王(或者蜂群)。

②培育种用雄蜂：雄蜂的数量和质量直接关系到处女王的交尾成功率，还关系到受精效果，进而影响子代蜂群的品质。在着手人工育王的20日前开始培育雄蜂。为培育种用雄蜂，需事先准备好雄蜂脾，也可将

巢脾下部切除一部分，插在强群中修造成雄蜂脾。为保证交尾质量，按1只处女王配50只雄蜂的比例培育雄蜂。

③准备育王群：育王群是用来哺育蜂王幼虫和蛹的强壮蜂群。应选择无病、无蜂螨、群势强壮的蜂群作为育王群。

（2）蜂王培育

①修造巢脾：选取中蜂和意蜂各一强群用于造脾。由于中蜂嗅觉灵敏对塑料巢础的气味不易接受，因此在造脾前在塑料巢础上刷了一层薄蜡，以掩盖塑料味道。早春时将塑料巢框置于组织好的意蜂蜂群中，让意蜂修造1天。次日将意蜂修造过的塑料巢脾放入中蜂蜂群中造脾，夜间再进行奖励饲喂，这样可以大大提高中蜂对塑料巢脾的接受率及造脾效率。

②控王产卵及卵的孵化：取出蜜脾以确保蜂群中除塑料巢脾外无其他地方可产卵，饲喂花粉，刺激蜂王产卵并产于塑料巢脾中。可使用与塑料巢脾、巢框相匹配的隔王栅，将蜂王控制在塑料巢脾上（可自行用隔王栅和木块制作）。保持蜂群蜂多于脾，以确保卵的孵化温湿度适宜。

③蜂王的培育：先在意蜂蜂群中培育一批蜂王，之后放置中蜂蜂群进行育王，掩盖塑料味道（王台需用巢脾水浸泡一周，以掩盖塑料味道）。卵孵化为1日龄小幼虫时，将装有小幼虫的托虫器取出，安装于单个处理王台中，放置无王群中进行育王。

④组织交尾群：在蜂王出房前两天组织交尾群。提前关注天气状况，蜂王出房后7天尽量避开雨天。

（3）注意事项　若幼虫取出时粘连在巢房壁上或巢房中储存蜜粉，可用竹篾或小树枝将其取出，避免影响巢脾使用效率。塑料巢脾及王台在使用前均需放入意蜂蜂群进行预处理，提高中蜂对塑料设备的接受率。育王期结束后需将托虫器取出，盖上后盖放入蜂群中清理半个小时左右后取出，放入冰箱中妥善保管，避免发霉或产生巢虫。塑料巢脾使用初期最好采用新王产卵，可以提高产卵效率和卵孵化率。育王选择在流蜜期进行，可提高成功率。

【联系方式】

联系人：孙新昌，电话0532-87870903

地址：山东省青岛市城阳区夏庄街道上山色峪村

矮化密植大樱桃种植技术

——青岛洪润来农业科技有限公司

【基地简介】青岛洪润来农业科技有限公司注册于2018年6月4日，位于山东省青岛市平度市云山镇后营村，距离平度市10千米，公司主要建设内容为云山樱桃世界文化大观园，涵盖樱桃种植园、樱桃新品种研发中心、博物馆、樱桃电商物流园、樱桃采摘园、樱桃文化广场、樱桃工坊酒廊等七大板块。拥有可容纳120人的教室，教学设备配备齐全，设有专家工作室、灭菌室、培养室。目前，是国内唯一一家以大樱桃种苗科研为主体的民营企业，项目以先进的种苗科研为核心，以乡村振兴战略为目标，用先进的科研成果带动胶东半岛乃至全国的樱桃产业发展。"乡村振兴、种苗先行"，公司本着"新旧动能转换、技术领先"的定位，培育优良的种苗，服务于农、回报社会。项目辐射周边地区大樱桃种植平度6万多亩，烟台地区10万多亩。目前已经建

智能玻璃温室模拟图

设28个标准化的育苗大棚，培育110万株优良的砧木（吉塞拉6号、吉塞拉12号）和20余个樱桃新品种（26万余株）。年培育樱桃苗木60多万株。

公司按照国际先进的种植管理模式，统一提供树苗，农户按照公司"4统一"管理模式要求种植，即统一树苗、统一树形、统一施肥、统一用药。最终保证果品统一品质，达到绿色食品要求，提高果品附加值。推广国际先进的矮化密植、超细长纺锤树形，亩种植数量110～140株，亩产量1500千克以上，亩均增收4万～5万元。在现有种植面积不增加的情况下，可实现整个云山镇樱桃产量翻番，产值增加15亿～20亿元；超细长纺锤树形高度在3米以内，可降低大棚高度（比现有大棚节约建设成本30%），便于管理、采摘等，减少管理人工数量。

【基地特色】

★ 目前国内唯一一家以大樱桃种苗科研为主体的民营企业

★ 樱桃新品种数量多

★ 与山东省农业科学院果树研究所共同合作，种苗科研技术先进

★ 采摘园种植品种多，采摘期长，可满足消费者需求

★ "4统一"管理模式，保证果品统一品质

★ 先进的矮化密植、超细长纺锤树形可实现樱桃产量、效益翻番

樱桃种植园

【基地设施】樱桃种植园、樱桃新品种研发中心、樱桃采摘园、容纳120人的教室。

【培训活动】参观樱桃种植园、樱桃采摘园；通过讲解学习矮化密植大樱桃种植技术。

【开放时间】3～8月。

● 矮化密植无公害大樱桃种植技术

1.园地选择

（1）土壤条件　土壤深厚肥沃，土质疏松的沙壤土，有机质含量在1.0%以上，土层厚在80厘米以上，地下水位在1米以下，排水良好，土壤pH 6.8～7.0，总盐量在0.2%以下。

（2）地势地形　坡度低于15°，山区、丘陵选择背风向阳的阳坡和半阳坡。

2.品种和砧木选择

（1）品种选择　选择综合栽培性状好，市场竞争强，经济效益高的对路品种。如早熟的优良品种齐早，中晚熟的鲁樱四号、鲁樱五号、鲁樱六号、鲁樱八号、桑提娜、蜜露等。可根据园地成熟期早的特点发展早熟品种和果个大、色艳、肉硬，丰产、耐贮运的中晚熟品种。

（2）砧木选择　中国樱桃实生苗病毒病严重，尽量不用其作为砧木，山樱桃实生苗未发现病毒，目前多采用其实生苗作为大樱桃砧木。

鲁樱八号

齐早

鲁樱六号

鲁樱四号

3.栽植

（1）栽植方式与密度 平地、滩地和15°以下的缓坡地为长方形栽植，栽植密度见下表。

栽植密度

果园立地条件	株距／米	行距／米	栽植株数／公顷
山坡、坡地无水浇	2	3	1 665
缓坡地无水浇	3	4	1 140
平地、滩地有水浇	4	5	495

（2）授粉树配置 大樱桃多数品种自花结实率很低，要选择与主栽品种亲和力强，花期一致的授粉树品种。建园时按等量成行配置，也可实行差量成行配置，主栽品种与授粉品种的栽植比例（3～4）：1。

（3）苗木的选择与处理 选择高80～100厘米，具较大侧根3～5条，无大的劈伤、撕伤的苗木。核实品种，剔除不合格苗木，修剪根系，用水浸根后，最好再用"植物营养素"和泥浆蘸根后分级栽植。

（4）栽植技术 在栽植沟内按株距挖深、宽各80厘米的栽植穴，将苗木放入穴中央，舒展根系，扶正苗木，纵横成行，边填土边提苗、踏实。填土完毕在树苗周围做直径1米的树盘，立即灌水，浇后覆盖地膜保墒。栽植深度以苗木出圃时的深度为准。春栽苗定植后立即定干；秋栽苗翌年春季萌芽前定干。定干后，采取适当措施保护剪口。

4.土肥管理

（1）土壤管理 分为扩穴深翻和全园深翻，每年春季果实采收后，多施有机肥。同时结合秋施基肥扩穴深翻在定植穴外挖环状沟，沟宽80厘米、深60厘米左右。全园深翻要将栽植穴外的土壤全部深翻，深度30～40厘米。土壤回填时混以有机肥，表土放在底层，底土放在上层，然后充分灌水，使根土密接。

（2）施肥 允许使用的肥料种类，农家肥包括堆肥、沤肥、厩肥、沼气肥、绿肥、作物秸秆肥、泥肥、饼肥等，商品肥料包括商品有机肥、无机（矿质）肥、叶面肥等。

5.整形修剪

（1）适宜树形 采用吉塞拉矮化砧木，改良纺锤树形和KGB树形。

（2）修剪

幼树期：是指定植成活到结果前，一般3～4年。主要任务是根据树体结构要求，培养好树体骨架。修剪原则是轻剪、少疏、多留。对主枝延长枝进行中短截，促发长枝，扩大树冠。剪口下抽生的长枝，对于直立者可在夏季摘心或冬剪采用极重短截法培养枝组，对其他平斜长枝可用缓放、轻短截、中短截相结合方法处理。中庸偏弱枝应培养成小型枝组。对主枝采用拉枝开角。

初果期：定植4～5年进入初结果期。原则上是继续扩大树冠，增加各级枝量，培养优势枝组，平衡各骨干枝生长，使之多形成花束状结果枝。重点是夏季摘心、拉枝、环剥、刻伤等。

盛果期：定植6～10年是盛果期，修剪的关键是提高稳产、高产的水平，保持中庸健壮的长势，外围新梢生长量不超过30厘米，使枝条保持粗壮，防止竞争枝以强欺弱，出现多头延伸、内膛空虚的现象。对枝组采用缓放结合，维持枝组结果能力，做到结果枝、营养枝、预备枝三枝配套。

6.疏花疏果

疏花：疏花可结合花前和花期复剪进行，疏去内膛细弱枝，多年生花束状结果枝上的弱质花、畸形花。

疏果：疏果在4月下旬到5月上旬生理落果以后进行。疏去小果、畸形果及不见光、着色不良而商品价值低的下垂果，保留向上或斜生的大果。

7.病虫害防治

（1）农业防治　采取剪除病虫枝，消除枯枝落叶，翻树盘，科学施肥等措施抑制病虫害发生。

（2）物理防治　根据害虫生物学特性，采取树干缠草绳和黑光灯等方法诱杀害虫。

（3）化学防治

防治红蜘蛛、桑盾蚧，可于2月下旬，使用45%石硫合剂晶体400倍液喷雾防治1次；在8月中旬防治金纹细蛾、舟形毛虫，可用灭幼脲3号25%悬浮剂3 000倍喷雾防治1次。

8.果实采收

根据果实成熟度、用途和市场需求综合确定采收时间。

【联系方式】

负责人：万志起，电话15253223284

地址：山东省青岛市平度市云山镇后营村78号

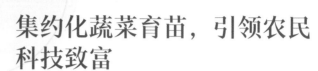

集约化蔬菜育苗，引领农民科技致富

——青岛地平线蔬菜专业合作社

【基地简介】青岛地平线蔬菜专业合作社位于山东省青岛市即墨区移风店镇黄戈庄村青岛母亲河-大沽河左岸，蔬菜资源丰富，交通畅通便捷。距离青新高速出入口3千米，距离同三高速出入门5千米，位于青岛半小时经济圈。

合作社成立于2008年7月，社员138户，蔬菜种植面积2 000余亩。引进的越夏番茄品种产量和抗病性都优于其他品种，每亩增收5千多元；引进的蔬菜植株吊放器，每亩可以节约用工费600～1 000元，深受广大菜农喜欢，为当地节省了180万元的人工费。合作社注重与国内外大中型种苗公司交流合作，先后从荷兰、日本等国外公司引进黄瓜、番茄、青椒和叶类蔬菜等新品种近60个、新技术20多项，筛选出有推广价值的新品种23个。完善"品种引进—试验示范—培训技术—辐射带动"模式，推动蔬菜大棚年收入超过76 000元。

【基地荣誉】合作社先后被评为国家农民专业合作社国家级示范区示范社、巾帼现代农业示范基地（合作社）、巾帼居家创业就业脱贫行动"大姐工坊"。2020年6月入围中国农民专业合作社百强示范社，10月被中央农业广播电视学校评为"全国优秀农民田间学校"；2021年被评为省级工友创业园、省级妇女专业合作社示范社、山东省新型职业农民乡村振兴示范站、青岛市市控蔬菜保障基地、青岛市绿色菜果茶花卉园创建示范园等。

【基地特色】

★ 新品种、新技术试验示范园，改变了传统种植

★ 蔬菜集约化育苗生产，提升了菜苗质量，降低了育苗成本

★ "以生产在家、服务在社"的服务理念，实行"六统一"（统一农资、统一管理指导、统一质量标准、统一品牌、统一采收、统一销售）合作共赢模式，促进蔬菜生产标准化、组织化发展

【基地设施】容纳100人的培训教室、专家工作室、图书阅览室、小型会议室、集约化育苗生产实践教学区、高档玻璃温室无土栽培教学区、新品种新技术教学区、教学实践基地。

集约化育苗生产实践教学区

无土栽培教学区

新品种新技术教学区

集约化蔬菜育苗，引领农民科技致富——青岛地平线蔬菜专业合作社　　53

【培训活动】参观试验示范大棚；参观学习无土栽培技术、集约化育苗生产技术；通过讲解学习合作社发展模式、常规集约化育苗操作规程。

【开放时间】一年四季（提前预约）。

【特色课程】

● 课程一：常规集约化育苗操作规程

1.选择品种

要结合当地情况选择适宜品种。

品种的选择要十分谨慎，先要从种子经销商那里了解品种特性，看是否符合当地栽培条件，然后再进行试种，观察其对温度的适应性、抗病性、坐果特性等，确定其最适宜的茬口。选择品种后，需要2～3年才可以确定这个品种是否适合在当地栽培。切不可急功近利，看着这个品种在其他地方表现不错，或试种了一茬表现不错，就想当然认为这个品种也适合当地栽培。

穴盘育苗要选用籽粒饱满、经杀菌消毒的新种子，种子芽率最好在95%以上，这样才能够充分利用苗床面积，减少基质、肥料和人工的浪费。

2.育苗前准备

（1）育苗温室　做好温室加温设施的检修和维护。一是在育苗前做好温室的消毒，可用百菌清、氢氧化铜等广谱性杀菌剂配合吡虫啉、异丙威等杀虫剂全棚喷洒；或用百菌清烟剂、异丙威烟剂等熏棚，杀灭棚内病原、害虫等；二是提早喷水提高湿度，尽量保证穴盘进棚后棚内环境稳定。

（2）材料准备

穴盘：选择72穴（大）穴盘。目前多使用一次性穴盘，无须消毒处理，但旧穴盘则必须经过消毒方可使用。

基质：选择优质基质，搭配蛭石、珍珠岩等。采用生物菌剂处理基质效果良好。

3.播种

（1）播种期　根据生产需要及移栽期确定播种时间。一般春季大棚栽培的播种时间为12月28至翌年1月10日，移栽期为2月5～10日。春季小拱棚栽培的播种时间为1月20～25日，移栽期为3月20～22日。苗龄控制在40天，4～5叶1心时开始移栽。秋茬拱棚栽培时，播种期一般在5月底到6月，6～7月定植，夏季育苗温度高，苗龄期短，一般在30～35天，4叶1心开始移栽。

（2）装盘　基质要保持湿润，盘装满后不要镇压，用扁直棒轻轻抹平即可；将穴盘摆起来（高度为50～60厘米），用压穴板均匀往下压，压出种孔，深度为1.2～1.5厘米。注意每盘压出的种孔深度要保持一致，以利于出苗整齐、均匀。

（3）播种　将种子放在55℃温水中浸泡10～15分钟，并不断搅拌至30℃。播种后用干基质覆盖，用扁直棒抹平即可，不需要镇压。

（4）催芽室催芽　甜（辣）椒、番茄种子通常干播即可，无须集中催芽。干播后浇水，但不能过湿，否则会影响基质透气性，导致出苗率降低，烂种问题突出。催芽室内温度保证30～32℃，并覆盖地膜或喷雾保持湿度，一般2～3天即开始出芽，此时即可移出催芽室，摆入育苗棚内进入常规管理。

如无专门的催芽室，也可以在棚头覆盖地膜进行催芽，但要注意保证温度稳定，尤其是夏季温度高、光照强，要避免高温蒸苗。根据基质湿度情况在播种浇水后至出苗前，白天温度控制在25～30℃，夜间温度不低于15℃；当有10%的幼苗开始顶土时要立即将穴盘摆入育苗棚内，并降低温度，白天温度控制在20～25℃，夜间温度控制在13～15℃，以防幼苗徒长。

4.出苗后管理

（1）水分管理　第一片真叶展开时补苗，补完后及时浇水。出苗后，要适当控水、保持见干见湿。需要浇水时一般早上浇水，晚上只补水，待基质稍干时浇透水，尽量减少浇水次数。定植前5天适当控水。成苗后起苗前一天或当天浇一次透水，使幼苗容易提出。采用喷淋系统查看是否有喷头堵塞，喷淋过程中查看是否有死角，并做好标记，进行人工补喷，要求喷淋均匀。

（2）施肥管理　苗期一般不追肥。2叶1心时即进入花芽分化期，如果叶色浅，叶片薄，幼苗颈细弱时，可在浇水时改浇肥水。

（3）温度管理　播后白天保持气温25～28℃，地温20℃左右，6～7天即可出苗。温度低时必须充分利用各种增温、保温措施，务求一次播种保全苗。

齐苗后到子叶展平，白天温度控制在23～25℃，夜间控制在7～15℃。子叶展开至2叶1心，夜温可降至15℃，但不能低于12℃，有条件的可在3叶1心前进行补光，有利于培育壮苗。

（4）湿度管理　分苗缓苗期湿度80％～90％，其他时期湿度50％～60％最为适宜。高于此数值则要通风，降低湿度。湿度的管理采取"宁干勿湿"的原则。如果确有必要浇水，应选在晴天上午，切不可在晴天下午浇水，以防天气突变。也可选择只喷雾不浇水的方法来缓解其缺水的症状，既可保证苗生长速度，又不会导致土壤过湿。有时寒潮天气时间长，叶片上出现水珠，可用薰烟法进行辅助降湿。

（5）光照管理　冬季育苗要尽量提高育苗床面的光照度，可架设日光灯和张挂反光幕增加光照，生产上可以采用倒苗和疏苗办法改善幼苗光照，延长光照时间。遇连续阴雨天气，可进行人工补光。在2片真叶后，可以把穴盘间拉开10厘米的距离，以利于通风透光，控制小苗徒长。

（6）苗盘管理　为了使成苗整齐一致，尽量降低边际效应对苗的影响。可在第一片真叶展开后，每隔3～5天进行1次倒盘，将外围苗盘与内部苗盘倒换位置。倒盘时要仔细小心，以防伤苗。

（7）炼苗　移栽前10天对幼苗进行锻炼。炼苗的原则：低温、通风、适度控水。夜温可降到5～10℃，以提高幼苗的抗寒性。此期要加强水分管理，同时要逐渐揭去棚膜通风降湿。移栽前一般需3d以上敞棚，以适应外界环境。

（8）壮苗指标　冬季育苗40～45天，株高18～20厘米，茎粗0.5厘米以上，4～5片叶1心，现大蕾，叶色浓绿，并略显紫色，根系发达，无病虫害。

（9）商品苗运输移栽　从育苗基地运苗时可带盘运输，采用运输架运苗或者采用定做的纸箱直接带盘运苗。未能及时移栽或栽不完的幼苗，可每天早上进行洒水，要洒匀洒透。穴盘育苗起苗时不能伤根，全根定植，定植后只要温度和湿度适宜，不经缓苗即可迅速进入正常生长。

5.病虫害防治

（1）生理病害防治

徒长：通风降温，控制浇水，降低湿度，喷施磷、钾肥，也可以喷施2 000毫克/千克的矮壮素，苗期喷施2次。用矮壮素喷施宜在早、晚间进行，处理后可适当通风，禁止喷后1～2天内向苗床浇水。

僵化：适当提高苗床温度，改控苗为促苗，及时浇水，防止苗床干旱；对于已经僵化的秧苗可喷施浓度为10～30毫克/千克的赤霉素溶液，用药量为100毫升/米²，效果较好。

沤根：保持合适的温度，加强通风换气，控制浇水量，调节湿度，特别是在连阴天不要浇水。一旦发生沤根，及时通风排湿，增加蒸发量；苗床撒草木灰加3%的熟石灰，或1：500倍的百菌清喷施基质，或喷施高效叶面肥等。

烧根：控制施肥浓度，严格按规定使用；浇水要适量，保持基质湿润即可；降低基质温度；出现烧根的适当多浇水，降低基质溶液浓度，并视苗情增加浇水次数。

闪苗和焖苗：秧苗不能迅速适应温湿度的剧烈变化而导致猛烈失水，并造成叶缘干枯，叶色变白，甚至叶片干裂。

闪苗是由于猛然通风，苗床内外空气交换剧烈，引起床内湿度骤然下降。焖苗是由于低温高湿、弱光下营养消耗过多，抗逆性差，久阴雨骤晴，升温过快，通风不及时。通风时通风量应由小到大，通风时间应由短到长。通风量应使苗床温度保持在幼苗生长适宜范围内为准。阴雨天气尤其是连阴天应用磷酸二氢钾等对叶面和根系追肥。

（2）病虫害防治　苗期病害主要是猝倒病、立枯病，菌核病、灰霉病；虫害主要是蚜虫。用50%福美双、25%甲霜灵、50%多菌灵、50%异菌脲、百菌清、霜霉威盐酸盐、代森锰锌500～600倍液喷雾，噁霉灵3 000～5 000倍液灌根或叶面喷施，喷施时加0.3%磷酸二氢钾。防治灰霉病时可选用50%腐霉利可湿粉剂1 000倍液，或25%霉粉净可湿性粉剂1 000倍液，也可以用百菌清、腐霉利烟熏剂烟熏，既可通过烟雾的传播使药剂颗粒均匀吸附到植株表面，又不会因用药而增加苗床湿度。每10天喷1次。上述药剂交替使用。

用20目银灰色防虫网覆盖育苗棚室的门和通风口，防止蚜虫、白粉虱、斑潜蝇进入；张挂黄色粘虫板诱杀成虫；早期发现蚜虫、白粉虱可用10%吡虫啉可湿性粉剂2 000～3 000倍液防治，斑潜蝇用阿维菌素1 500倍液防治。每7天喷1次，交替使用。

采用农业防治措施在低温阴雨期间也要坚持每天通风2～4小时，这是防治病害的关键措施，特别是采用无滴膜时更应注意。当出现中心病株后，在病株上撒石灰粉，次日再将病株清出棚外深埋。也可以在晴天中午利用高温闭棚使棚温达33℃，闷30分钟。

● **课程二：设施高品质番茄生产技术**

1. 产地环境

番茄适宜透气性好、保水保肥性好、富含有机质的肥沃壤土，适宜

pH为6.2～7.0。

2. 育苗与定植

（1）育苗

育苗方式：根据栽培季节和方式可在露地、塑料大棚、温室育苗。有条件的可进行工厂集约化育苗。

品种选择：选择耐低温弱光、优质、高产、抗病性强、耐贮运、符合市场需求的品种，如普罗旺斯、安特莱斯、青农866、青农1958、京彩8号等口感比较好的品种。

种子质量：选用籽粒饱满的优质种子，种子质量应符合《瓜菜作物种子 第3部分：茄果类》（GB 16715.3）要求。

用种量：大果番茄每亩用30～40克，樱桃番茄每亩用15～25克。

种子处理：将种子在55℃温水中浸泡10～15分钟，降至室温后继续浸泡4～5小时，再用清水洗净。

催芽：将处理好的种子放在25～30℃处催芽。约2天后60%以上的种子萌芽时，即可播种。如不能及时播种，放在5～10℃处存放。

育苗床准备：使用合格的育苗基质或选用近3年未种过茄科蔬菜的肥沃园土与草炭、蛭石、珍珠岩按5：2.5：1.5：1配制，将床土铺入苗床，厚度10～12厘米，或装入营养体或穴盘。

播种：日光温室春茬12月下旬至1月上旬播种，秋冬茬8月中下旬播种，冬春茬10月中下旬播种。采用营养体或穴盘播种，压孔0.5～1厘米深，播种后覆土，浇透水。

苗期管理：春季出苗前苗床温度控制在25～30℃，出苗后真叶生长前，白天温度控制在15～20℃，夜间温度控制在10～15℃，防止下胚轴徒长。真叶开始生长后，恢复正常管理，白天温度保持在25℃左右，夜间温度保持在12℃左右。真叶开始生长时，间苗1～2次，及时清除病苗、弱苗及杂苗，间苗后覆土一次。

苗期浇水的原则不旱不浇水。幼苗刚开始萎蔫应及时浇水。

壮苗标准：3叶1心，株高12厘米左右，茎粗0.2厘米左右，叶色深绿。

（2）定植前准备

整地施肥：施肥应坚持以经过加工处理的商品有机肥或生物有机肥为主，氮、磷、钾、微肥配合施用。整地时浇底水，每亩施优质有机肥5～7米³，或煮熟的大豆100千克，氮、磷、钾复合肥50～60千克，施肥后进行深耕，将地整平。

棚室防虫消毒：在棚室通风口设40～60目防虫网，阻挡飞虫进入。悬挂黄色或蓝色粘虫板，以防治蚜虫、粉虱、斑潜蝇和蓟马等虫害。利用太阳能高温闷棚或熏蒸消毒，每立方米用硫黄4克、锯末8克混匀，放在容器内燃烧，时间宜在19:00左右进行，熏烟密闭24小时，熏蒸温度维持在20℃。也可以按每立方米用25%百菌清1克、锯末8克混匀，点燃熏烟消毒。

（3）定植

定植期：塑料大棚3月中下旬定植，秋延后栽培7月下旬至8月上中旬定植。日光温室冬茬8月上中旬定植，秋冬茬8月下旬至9月上旬定植，冬春茬1月下旬至2月上旬定植。

定植密度：采取大小行、小高畦方式。即南北向畦，大行距80～90厘米，小行距60～70厘米，先作平畦，每畦栽2行，株距35～40厘米，每亩定植2 100～2 200株。栽苗后，先浇透水，地面干燥后划锄。7～10天后，向植株覆土形成小高畦并覆盖地膜。覆土不超过子叶。

3.田间管理技术

（1）保果疏果

保果：当花序的第一朵花开放时，使用防落素、番茄灵等植物生长调节剂采用喷花、点花和蘸花方式处理花穗。温度合适也可采用雄蜂授粉或用振荡授粉器授粉。

疏果：除樱桃番茄外，为保障产品质量应适当疏果，大果型品种每穗选留3～4果，中果型品种每穗选留4～6果。

（2）水肥管理　应掌握"三不浇三浇两控"技术，即阴天不浇晴天浇，下午不浇上午浇，明水不浇暗水浇；连阴天、低温天控制浇水。土壤相对湿度保持在60%～70%。结合浇缓苗水每亩追施微生物菌肥或冲施腐熟有机肥10千克，第一穗果核桃大时结合浇水每亩追施有机肥30千克。第二、三穗果迅速膨大开始，追肥3次，每次追施腐熟有机肥40千克。

（3）温度管理

缓苗期：覆盖好保温被，白天温度保持在28～30℃，晚上不低于17℃，地温不低于20℃，以促进缓苗。

开花坐果期：白天温度22～26℃，晚上不低于15℃。

结果盛期：8:00～17:00温度保持在22～26℃，17:00～22:00温度保持在13～15℃，22:00～8:00温度保持在8～13℃。

（4）湿度管理　根据番茄不同生育阶段对湿度的要求和控制病虫害的需要，调节空气湿度。缓苗期80%～90%、开花坐果期60%～70%，结果盛期50%～60%。生产上要通过地面覆盖、滴灌或暗灌、通风排湿、温度调控等措施，尽量把棚内的空气湿度控制在最佳指标范围内。

（5）植株调整　及时进行整枝打杈，采用单干整枝方式，吊秧绑蔓防倒伏，老叶、黄叶、病叶应及时摘除，改善通风透光条件。后期及时落蔓。根据栽培需要，保留适宜果量，一般6穗或7穗花上留2片叶抹去顶芽。操作前要消毒净手。

4.病虫害防治

（1）农业防治　创造适宜的条件，提高植株抗性，减少病虫害的发生。适当深翻，减少根结线虫危害；及时摘除病叶、病果，拔除病株，带出地块深埋或销毁；合理轮作，选用无病原的土壤育苗；在整枝、打杈前用磷酸皂水洗手，防止操作接触传染病毒病。

（2）物理防治　设施栽培可铺设或悬挂银灰膜驱避蚜虫等害虫，兼防病毒病。温室大棚通风口用60目防虫网罩住，防止害虫进入。在棚内悬挂黄色粘虫板和蓝色粘虫板，每亩30～40块，挂在高出植株顶部15厘米的行间。

（3）生物防治　积极利用天敌昆虫或微生物等防治。

（4）药剂防治　灰霉病用腐霉利、乙烯菌核利、武夷菌素等药剂防治。早疫病优先采用百菌清粉尘剂、百菌清烟剂，还可用代森锰锌、春蕾霉素＋氢氧化铜、甲霜灵·锰锌等药剂防治。晚疫病优先采用百菌清粉尘剂、百菌清烟剂，还可用喹啉铜、恶霜灵＋代森锰锌、霜霉威等药剂防治。叶霉病优先采用春雷霉素＋氢氧化铜粉剂，还可用武夷菌素、波尔多液等药剂防治。溃疡病用氢氧化铜、波尔多液等药剂防治。病毒病施用低聚糖素、宁南霉素、腐殖酸或白糖、锌铜硅钼营养液防治。蚜虫、白粉虱用噻虫嗪、吡虫啉、啶虫脒、烯啶虫胺、苦参碱、藜芦碱、印楝素、多杀菌素防治。蓟马用噻虫嗪加多杀菌素防治。

5.采收

采收所用工具要保持清洁、卫生、无污染。要及时采收，减轻植株负担，确保商品果品质，促进后期果实膨大。长期贮藏的番茄可在绿熟期采收，长距离运输或需暂时贮藏的可在转色期进行采收，鲜食番茄可在果实自然红熟、色艳、商品性佳时采收。

6.其他提高番茄果实品质的栽培措施

（1）环剥　番茄植株生长前期，当主茎粗0.8厘米左右时，用厚刃小刀在茎秆第一花序的第一叶处横切环剥一圈，取下宽0.5～1厘米、厚度为茎粗1/4的表皮，刀口深达植株木质部，每株进行1次。如果结果期叶蔓生长过旺，可在每个花序上第一叶处再环割茎周1/3的表皮，环剥1～2次，可控制茎蔓旺长，促进果实膨大，减少落花落果，提高果实品质和产量。

（2）使用尿素或者破坏部分根系　果实成熟期施用尿素，或用锄头轻耕，破坏部分根系，减少根系对水分的吸收，提高果实可溶性固形物的含量，改善果实品质。

（3）施用钙肥　在果实膨大期间喷施氯化钙，果实膨大至转色期间共喷施4次，可以提高果实含糖量，还可预防脐腐病的发生。

（4）叶面喷施氨基酸肥料　氨基酸肥料含有一定量的氨基酸和低聚糖，并富含铜、钙、硼、锌、铁等微量元素，在番茄定植后每隔半个月对叶片喷施1次，连续喷施4～5次，能够提高抗性，改善番茄果实品质，提高产量。

（5）控旺　在定植后根据番茄生长情况适当喷施生长抑制剂如矮壮素等，喷施浓度为200毫克/升，每10～15天喷施1次，适当的抑制营养生长，提高果实品质。

（6）适当控水　在番茄果实达到绿熟期时适当控水，灌水量保持田间持水量的70%～80%，直到果实成熟，能够显著提高番茄果实品质。

（7）生产技术档案　建立生产技术档案。对生产技术、病虫害防治和收获各环节所采取的主要措施进行详细记录。生产技术档案保存2年以上。

【联系方式】

联系人：姜　波，电话13791931782

吴　红，电话15666799876

吴法春，电话15063922988

地址：山东省青岛市即墨区移风店镇黄戈庄村东

依托产业发展休闲农业，打造现代农业示范园区

——青岛永昌实业集团生物科技有限公司

【基地简介】青岛永昌实业集团生物科技有限公司位于山东省青岛市即墨区鹤山东路388号。园区按功能不同划分为七大板块，水果区、花卉区、粮油区、茶叶区、蔬菜区、现代林业区和原生态林区。水果区主要种植苹果、梨、桃、杏、樱桃、葡萄等北方常见品种。花卉区分为南、北两区，北区主要栽植牡丹、桂花、忍冬等北方名贵花木，南区以热带植物园为中心栽植驯化各种北方罕见的南方名贵苗木。茶叶区采用传统种植技术种植崂山绿茶，并建有茶叶加工流水线。园区生产的苹果、桃、梨、樱桃、杏、茶叶已通过农业农村部无公害农产品认证，丰水梨、秋月梨、红茶、绿茶已通过农业农村部绿色农产品认证。园区林木覆盖率达到85%以上。

【基地荣誉】公司生产的苹果、梨在2011年青岛市第十五届名优果品评比中被评为优质果品；2012年9月公司园区被列为青岛市水土保持生态示范园，2014年7月公司获青岛市农业产业化重点龙头企业称号，同年10月，公司与青岛农业大学签约成立青岛农业大学教学科研与学生就业实践基地并共同创建青岛市现代生态农业科研专家工作站；2018被评为绿色园艺创业园即墨区科普基地；2019年被评为青岛市精品果园、青岛市美丽田园、山东省农民乡村振兴示范站；2021年获"青岛市农民教育培训优秀田间学校"光荣称号，现正在申报国家级"水土保持科技示范园"并已通过省级验收。

【基地特色】

★ 以休闲农业为代表的现代化农业产业园，依托产业发展，主题鲜明

★ 在努力提高生产经营效益的同时，秉承保护环境、科技引领的经营理念

★ 生产绿色、优质农产品

★ 环境优美，有山有水，风景秀丽，空气清爽宜人，生态环境自然，适宜农林植物科研栽培

花卉种植示范区

粮油种植示范区

蔬菜种植示范区

茶叶种植示范区

水果种植示范区

育苗中心

【基地设施】小型会议室、培训教室、可容纳80人同时就餐的餐厅、可容纳200人住宿的客房、茶叶种植示范区、水果种植示范区、花卉种植示范区、粮油作物种植示范区、蔬菜种植示范区、玻璃联栋智能温室、果树育苗中心。

【培训活动】参观花卉、粮油、蔬菜等七大种植示范区；通过现场讲解学习园区建设。

【开放时间】春季、夏季、秋季。

【特色课程】

● 现代农业园区的建设发展与趋势

1.现代农业园区建设的意义

现代农业园区的建设有利于从根上解决农业投入问题，有利于推动传统农业向现代农业的转变，有利于现代农业科技的运用，促进农科教结合，有利于推动农业适度规模经营，促进贸工农一体的产业化经营格局的形成，有利于农业社会化服务体系建设。

现代农业示范园区建设明确了农业建设方向和建设重点，有利于促进农业投入新机制的建立，推动农业发展基金、农村合作基金、农业承包款、劳动积累工等制度的建立和完善，逐步形成以国家财政、信贷投入为导向，以农民和乡（镇）村集体经济投入为主体，有关农业项目资金、外商、企业及个体投入为补充的农业投入机制。

2.现代农业园区的特点

现代农业园区是以技术密集为主要特点，以科技开发、示范、辐射和推广为主要内容，以促进区域农业结构调整和产业升级为目标，不断拓宽园区建设的范围，打破形式单一的工厂化、大棚栽培模式，把围绕农业科技不同生产主体发挥作用的各种形式，以及围绕主导产业、优势区域促进农民增收的各种类型都纳入园区建设范围。模式上，以"利益共享、风险共担"为原则，以产品、技术和服务为纽带，利用自身优势有选择地介入农业生产、加工、流通和销售环节，有效促进农产品增值，积极推进农业产业化经营，促进农民增收。

3.怎样规划现代农业园区

规划理念：以生态学为指导，将整个园区视为一个绿色生态系统，本着因地制宜和可持续发展的理念，以先进技术为依托，吸纳农业领域高科技成果，挖掘乡村文化，拓展农业休闲旅游，将园区规划为集效益性、示范性、规模性、生态性和游乐性的田园综合体。

规划定位：园区主要进行现代农业新技术创新、示范与推广以及相关的旅游休闲项目建设，形成水果、蔬菜、花卉种植，良种示范、农产品加工和休闲旅游等几大产业。建成以农业生产、农产品加工、科技示范、休闲、娱乐、学习等为主要目的高效益田园综合体。

规划愿景：以"田园综合体建设""产业融合发展"为主线，以生态农业、人文历史为基础，从新角度诠释地方文化，以新方式创新旅游产品。

发展策略：以区域综合价值为核心，以文化为导向，以旅游为产业引擎，以农民致富为目标，以生态保护和环境可持续发展为原则，以市场经理区域协作为主要手段，构建内部互相协调、互相支撑的综合性生态经济产业体系，实现社会经济价值的最大化，从而确保区域发展的永续动力。

4.如何建成现代农业园区

整合农业资金，提高园区建设水平。整合农业、农业开发、水利等涉农项目资金，投入园区建设，实施土地整理、高标准农田建设、农机补贴等项目，完善园区内水、电、路、农田水利等基础设施。

强化科技支撑，加快科技成果转化。与科研院所"手牵手"，通过专家工作站引进专家，与农林院校建立长期稳定的合作关系，积极申报各类农业项目，以项目带动提升园区的整体水平。

实施品牌战略，增强知名度。以标准化、绿色生产为目标树立质量安全意识，着力提升园区农产品质量、知名度和影响力。

打造新兴业态，促进融合发展。延伸产业链条，积极发展观光农业、体验农业、创意农业等，推动园区一二三产业融合发展。打造"农业＋文化＋旅游＋教育培训"等多种新业态，促进园区融合发展。

【联系方式】
负责人：孙吉同，电话15820021186
联系人：王　防，电话15092071525（同微信）
地　址：山东省青岛市即墨区鹤山东路366号

育推优良品种，助力绿色增产

——山东省青丰种子有限公司

【基地简介】山东省青丰种子有限公司位于山东省青岛市平度市蓼兰镇，成立于1996年，1997年注册"青丰"商标，2018年获得"绿色食品"证书，同年获得"高新技术企业"称号，是集科研育种、繁育销售于一体的科技型企业。公司先后引进100多个农作物新品种，进行良种良法配套、农机农艺融合、绿色高产高效创建。公司自主选育出9个小麦品种先后通过了国家、山东、安徽审定，自主选育的6个花生品种通过了国家备案登记，分别在山东、安徽等省大面积推广。2016年公司建成全国首家镇级种业博览馆——中国(蓼兰)种业科技博览馆，围绕产业振兴，全面展示了近年来平度农业取得的各种成就。

山东省青丰种子有限公司

【基地荣誉】公司先后被授予国家小麦黄淮海北片区域试验站、山东省农作物新品种区域试验站、青岛市农业产业化重点龙头企业、青岛市守合同重信用企业、高新技术企业、青岛市现代农业示范园区、平度市粮油作物科技示范基地的称号。

【基地特色】

★ 全国首家镇级种业博览馆——中国(蓼兰)种业科技博览馆

★ 以大豆玉米带状复合种植为代表的新型种植模式

★ 粮油绿色高质高效新技术示范基地

【基地设施】青丰种业博览馆、新型种植模式基地、粮油示范园区、原种繁育示范园培训教室、高油酸花生油加工车间、面粉加工车间等。

青丰粮油示范园区

青丰种业博览馆

原种繁育示范园

【培训活动】参观青丰种业博览馆、大豆玉米带状复合种植基地、粮油绿色高质高效新技术示范基地;通过讲解学习蓼兰种业发展史,小麦新品种、大豆玉米带状复合种植技术。

【特色课程】

● 山东地区冬小麦种植技术

1.准确选择冬小麦种植品种

北方地区选择产量高、抗寒性能强、品质优良、成熟早的小麦品种。

2.科学施肥

科学施用钾、磷肥，从而有效保证土壤中的养分含量。在施加高质量农家肥时，应合理控制辅助化肥的施用，保证钾、磷、氮等的含量，确保冬小麦健康生长。

3.科学播种，合理密植

冬小麦最适合的播种温度在15℃左右，山东地区在10月初至10月中旬最适合冬小麦播种。播种质量高则小麦苗齐、全，可在冬前形成大分蘖，提升分蘖成穗率，保证麦苗安全越冬。播种质量较低，会出现缺苗断垄，并且难以形成壮苗，则越冬死苗增加。播前对土地进行整理，将残留的土块和残茬清除，可有效提升播种质量。

4.病虫害防治

麦蚜是冬小麦生长期的主要害虫，导致小麦出现小麦条锈病，应及时对其进行治理，可使用合适剂量的吡虫啉兑水进行喷洒。

5.重视越冬期管理

冬灌应在气温4℃夜冻昼消的时候进行，气温在2℃以下有可能出现冻害。冬时应灵活掌握苗情和土壤情况，保证麦苗生存。还可以通过地表覆盖、免耕等方法降低麦苗越冬死亡率。小麦生长后期应科学灌水，提升千粒重，缩短小麦籽粒成熟时间。在拔节期，小麦基节过长可导致后期小麦倒伏，对于生长过旺的麦田，可使用150～200克/亩矮壮素兑水喷洒。如条件允许，麦田最好实施滴灌，均匀滴肥水，保证麦田长势整齐。随水滴肥周期为8～9天，如麦地生长过旺应根据实际情况减少化肥施用量，该措施可有效提升冬小麦产量。

【联系方式】

负责人：侯元江，电话0532-82301080

地址：山东省青岛市平度市蓼兰镇

一片叶子富了一方百姓

——青岛瑞草园茶业科技有限公司

【基地简介】青岛瑞草园茶业科技有限公司位于山东省青岛市即墨区龙泉街道办事处石门社区。公司始建于2009年，占地320亩，地理位置优越，交通发达，离青岛市区仅有30分钟车程。2019年8月，山东省政府批准成立省级乡村振兴专家服务基地，生态茶园围绕茶叶种苗繁育与种植、红绿白茶加工与销售、茶全产业研发、休闲旅游、茶文化体验、科普与研学、农业新技术推广等特色产业，积极推进一二三产业融合发展，重点建设江北茶区即墨茶核心区，着力打造乡村产业振兴的齐鲁样板。

瑞草园办公楼

【基地荣誉】国家级高新技术企业、山东省现代农业产业技术体系茶叶创新团队青岛综合试验站、青岛农业大学茶叶研究所试验教学基地、山东省乡村振兴专家服务基地、青岛市研学旅行示范基地、青岛市新型职业农民培训示范基地、即墨区青少年茶文化社会实践基地、青岛市龙头企业，通过了农业农村部绿色食品和无公害食品认证。

【基地特色】

★ 以茶文化为主题的特色休闲乡村体验游

★ 富有江南特色的品茶楼，中草药果茶花卉间作的生态茶园

★ 集生态茶园采茶体验、清洁化加工炒茶体验、参观茶文化博物馆、茗茶品鉴于一体的茶文化体验模式

★ 先进的水肥一体化体系和生态环保的植物多样性防风防寒带

★ 果蔬生态大棚采用病虫害绿色防控技术，四季生产，保证农产品食用安全

★ 拥有超大的茶文化体验空间，可同时满足500人采茶，炒茶实践

【基地设施】茶文化博物馆、可容纳200人上课的教室、北方茶树优良品种繁育智能温室、功能保健茶研发中心、标准化清洁化制茶加工车间、制茶设备、茶叶保鲜库、产品化验室、产品审评室、果蔬生态大棚、生态茶园、可同时容纳200人用餐的餐厅。

加工车间

生态茶园

【培训活动】参观生态茶园、品种园、智能温室育苗棚、即墨茶文化博物馆、生态果蔬示范区；体验绿茶、红茶加工工艺；通过讲解了解并学习一二三产业融合模式下的休闲农业与乡村旅游开发与实践、茶园管理关键技术及茶艺。

【开放时间】一年四季，5～10月有茶文化体验活动。

● **课程一：生态茶园建设及关键技术**

1.生态茶园的定义

生态茶园亦称"立体茶园"，是指利用同一块土地上的不同空间，形成立体层面的茶园。复合生态茶园是在茶园内种植其他生物种群，并按各种群的生理学、生态学要求，合理布置，形成一定格局，达到种群间共生、互补作用的群落。

2.生态茶园建设的好处

保持水土，避免水土流失，提高土壤、光能、肥料的利用率并改善生态环境。营造适合茶树生长的地域小气候，促进茶叶含氮物质的合成。茶园内生物共生互惠，提高整体效益，丰富生物多样性。

3.生态茶园建设的关键技术

（1）良种选择 引进南方抗性强、品质优的无性系良种，如福鼎大白、龙井43、中茶108等，以及江北茶区选育的优良品种，如香雪、寒梅、青农3号。

（2）营造防护林 防护林种植红叶石楠、银杏、梨、柿、桃、樱花。红、橙光照射下，茶树能迅速生长发育，对碳代谢、糖类的形成有积极作用。

（3）茶园除草 采用新型除草机械定期除草。

（4）茶园间作 可以与大豆、花生、白三叶草、羽扇豆、豌豆、红小豆、绿豆等豆科作物间作。推荐模式：小茶行覆盖花生壳，大茶行套种绿豆、红小豆、豌豆。

（5）茶园生物质覆盖技术 覆盖前先施基肥，行间平整土壤、清理杂草，土壤含水量60%左右时覆盖。覆盖材料可选择林木常用材料，如花生壳、稻壳、棉籽壳、大麦壳、玉米穗轴、杂草、木片（屑）等。覆盖前要提前腐熟。长度>10厘米的当季干物料，应先行粉碎；对陈旧物料或刚收割的新鲜生物质材料，宜在烈日下摊晒2～3天，或喷撒杀菌、杀虫剂后，再行覆盖。通常在春季、夏季和秋季进行，以春季地温上升后的4月或秋季降温之前的11月为最佳。每年晚秋应补充覆盖物1次。覆盖厚度为8～12厘米，厚者也可达到15～20厘米。覆盖方法。均匀地抛洒覆盖在茶行内。推荐采用效率高、均一性好的抛洒类机械实施覆盖作业。

（6）茶园酶解大豆技术　大豆与水按照1：（3～5）的比例混合，建议用井水，若为自来水，则隔夜后使用。按照1：500的比例添加高效酶解制剂，并混合均匀。若原料经过高温处理，需要温度降到40℃以下再混合。酶解过程为厌氧过程，在密闭环境内进行。密封厌氧7～10天，至有明显芳香气味产生，发酵产物可作为高品质氨基酸肥应用。按照每亩地15～20千克的量喷施、冲施、滴灌，容器内底部物料作为生物有机肥施到土壤中。

● **课程二：茶艺与茶文化**

1.茶叶加工工艺

同样的茶叶采用不同的加工工艺可形成不同的茶品。常见几类茶品的主要加工工艺如下：绿茶，杀青、揉捻、干燥；红茶，萎凋、揉捻、发酵、干燥；黑茶，杀青、揉捻、渥堆、干燥；黄茶，杀青、闷黄、干燥；青茶，萎凋、做青、杀青、揉捻、干燥；白茶，萎凋、干燥。

2.健康饮茶

茶叶中的药用成分主要有多酚类化合物、咖啡碱、氨基酸、矿质元素、维生素类。

(1)每天适宜饮茶量　一般成年人6～10克，吃油腻食物、接触有毒物质较多、烟酒量大的人20克左右。

（2）四季饮茶各不同　茶叶因种类不同，其功效和性能也各异，根据四季的变化合理饮茶，对于人体保健具有事半功倍的效果。春季多饮花茶和果茶，可散发体内积郁的寒气，解除春困，提高人体机能。夏季宜饮绿茶，有消暑、解毒、去火、生津止渴、强心提神的功效。秋季喝乌龙茶最理想。其茶性适中，常饮能润喉、生津、益肺、清除体内余热。冬季宜饮用红茶，可御寒保暖，强身补体，帮助人体更好地适应气候变化。

（3）饮茶的禁忌　饮茶不宜过浓，不宜饮冷茶，不宜空腹饮茶，睡前不宜饮茶。忌以茶送药，忌饮隔夜茶，不宜饭后立即饮茶。

【联系方式】
联系人：吴连英，电话15166689779
地址：山东省青岛市即墨区龙泉街道办事处石门社区西侧

"四轮驱动"服务区域农业发展

——青岛术格农机专业合作社

【基地简介】青岛术格农机专业合作社成立于2011年1月，位于山东省青岛市即墨区大信街道普东社区福胜路西首。2018年新建占地13 500米^2，拥有建筑面积为6 500米^{2}的集农机维修车间、农机展示与销售大厅、农机配件仓库、农机安居库房、培训教室、农机服务大厅、专家工作室、办公室等于一体的综合服务区，并配套建设了占地30亩且水电、看护设施齐全、年回收处理能力达3 000吨以上的秸秆回收中心。

合作社在运营过程中，对农机作业监测设备进行集中管理，根据现代农业发展和成员意愿采用"统一作业价格质量，保证用户满意；统一技术培训，保证队伍素质；统一零配件供应，保证机具性能；统一调配机械，保证服务到位；统一签订服务合同，保证双方利益；统一制定操作规程，保证安全生产"的"六统一六保证"模式进行运作，以确保共同维护合作社的形象，利益共享，风险共担。

合作社成立以来通过建立小麦、玉米连作农机化生产基地，推广小麦、玉米连作生产全程机械化技术，开展农机展示推广、代购代销、农机维修服务与农业生产托管作业等业务，延伸农机服务产业链，带动当地农业增产和农民增收，成为青岛市农业生产性服务体系的龙头。同时合作社积极探索"合作社+家庭农场+村经济组织+小农户"的农业生产托管服务模式，聚焦小麦、玉米等粮食作物生产，为农户提供产前、产中、产后的一站式社会化服务，积极开展种肥统购、收储、运输及仓储等服务，实现粮食增产、农业增效、农民增收。

合作社精心组织重要农时机械化生产活动，通过订单作业、生产托管等多种形式，提高作业效率和质量。

【基地荣誉】合作社先后被确定为即墨区关心下一代工作委员会"农机科技辅导站"、即墨区新型职业农民培训田间学校、青岛农机实训基地、青岛市农业机械新技术培训基地，先后荣获即墨区十佳农机专业合作社、即墨区"一化三中心"示范农机合作社、全国农机合作社示范社、农业生产性服务省级示范组织、农民合作社省级示范社等荣誉称号。

【基地特色】

★ 拥有综合性农事服务中心建设经验

★ "六统一六保证"运作模式

★ 为服务对象提供耕、种、管、收等一条龙全程机械化服务和一站式农事综合服务

★ 规范的经营管理与农机安全生产管理模式

★ 拥有二手农机销售平台

【基地设施】农机机库棚、农机展示大厅、培训教室、农机维修间、专家工作室、农机服务大厅等。

农机服务大厅

植保机维修技能培训课堂

维修车间

农机展示大厅

【培训活动】参观各类大型农业机械展示大厅、农机维修车间；通过合作社讲解学习并了解拖拉机、收割机、植保机、无人机等农业机械的使用维护与维修，以及耕、种、管、收等一条龙全程机械化服务和一站式农事综合服务。

【开放时间】一年四季。

【特色课程】

● 小麦玉米全程机械化服务

小麦、玉米（含秸秆利用）连作栽培全程机械化技术是针对小麦、玉米一年两熟规模化生产而设计制定，通过农机农艺相融合，覆盖耕、种、管、收等环节的全套技术。根据农艺要求和农机发展配置了适用的设备，力争做到大田小麦、玉米真正意义上的全程机械化，达到高产稳产、节本增效的目的。

1.全程机械化技术模式与工艺路线

技术模式集成：推广高产、优质、抗病、抗倒伏小麦品种＋小麦宽幅精播＋病虫草害防治＋小麦联合收获（秸秆打捆离田）。

工艺路线：前茬玉米机械收获（秸秆粉碎还田或茎穗兼收）→机械整地（机械深耕结合旋耕、深松）→施肥播种→田间管理→除草追肥→小麦机械收获（秸秆打捆离田或粉碎还田）。

2.播前准备

品种选择：选择适宜当地种植、通过审定的济麦22优良小麦品种，种子经筛选处理后，再用种衣剂进行包衣。

秸秆处理：采用玉米秸秆还田型的联合收获机进行秸秆还田，秸秆还田量一般每亩不超过300千克，秸秆粉碎长度低于10厘米。采用茎穗兼收收获机具作业，玉米根茬高度低于15厘米，播种前要对根茬进行粉碎处理。

耕整地：根据土壤条件和地表秸秆覆盖状况，选择适宜的机械整地。

测土配方施肥：合理确定化肥比例，优化氮磷钾配比。

3.播种

根据土壤墒情及小麦品种特性等适时适量播种。

4.灌溉与追肥

（1）灌溉定额的确定　大田中每亩小麦灌水总定额为130～150米^3，滴灌次数为6次，播种—分蘖期为10米^3，分蘖—拔节期10米^3，拔节—

孕穗期40米³，孕穗—扬花期35米³，扬花—灌浆期25米³，灌浆—成熟期20米³。

大田春播玉米每亩灌水总定额约为40米³，滴灌次数一般为3次，播种—苗期10米³，小喇叭口—大喇叭口期10米³，抽穗—开花期20米³。

（2）施肥制度的确定　根据冬小麦的需肥规律、地块的肥力水平及目标产量确定示范区全生育期施肥总量，滴灌的施肥量在常规大田用肥量的基础上减少了20%，底肥亩施配方三元复合肥25千克，根据苗情在浇分蘖—拔节水时追施滴灌专用肥5千克，拔节中期前后在浇拔节-孕穗水时追施滴灌专用肥5千克。2次追肥均用施肥器施入。

根据玉米的需肥规律，地块的肥力水平及目标产量确定玉米项目示范区全生育期施肥总量，滴灌的施肥量在常规大田用肥量的基础上减少30%，底肥亩施配方三元复合肥25千克，小喇叭口—大喇叭口期追施滴灌专用肥5千克，抽穗—开花期追施滴灌专用肥5千克。

（3）配套技术　选用优良品种及高水平的田间管理技术，施用滴灌专用肥，充分发挥节水节肥的优势，以达到提高产量，改善品质，增加效益的目的。

5.收获

待小麦茎秆全部变黄、叶片枯黄、茎秆尚有弹性、籽粒含水率22%左右、籽粒较为坚硬时用联合收割机收割（秸秆还田或秸秆离田）。麦秆还田，留茬高度≤15厘米，秸秆粉碎长度≤10厘米，秸秆切碎合格率≥90%，并均匀抛撒。

6.烘干

把在麦田内直接收粒、脱粒的小麦，直接运送至烘干塔进行烘干，达到标准水分后储藏或销售。

【联系方式】

负责人：袁世格，电话15064828282

联系人：陈　艳，电话15092289089

地址：山东省青岛市即墨区大信街道普东社区福胜路西首

新格局、新理念下的特色农业社会化服务
——山东中科新农航空科技有限公司

【基地简介】山东中科新农航空科技有限公司于2016年10月成立并正式进入农业领域。公司成立初期定位植保无人机及核心飞控的研发、生产、销售、维修服务，同时开展航空植保作业、无人机航拍测绘、植保无人机飞行技术培训。公司自主研发生产的10L六旋翼植保无人机已通过国家农业农村部技术鉴定中心鉴定评测。2019年6月围绕绿色防控这一主题开展了产品的研发与生产，推出第一款智能水肥一体机，功能设计和外观在国内同类产品中处于领先地位，已经在40多家农业合作社、家庭农场安装实施。目前已成型的产品有风干式杀虫仪、植保无人机、智能水肥一体机、风筒式电动喷雾器等，并在研发适合果林环境的施药机器人。公司已通过ISO 9000系列认证，拥有实用新型专利多项，并与青岛农业大学、山东农业大学等多家高校及科研机构开展合作。

公司总部位于山东省青岛市即墨区墨城路539号，内设有培训、研发、销售、项目部门。2020年公司的第一个乡镇服务点已设立在即墨区段泊岚镇刘家庄社区，以种植小麦、玉米等粮食作物和花生、蔬菜、水果等经济作物为主，是全区粮食蔬菜主产区，素有"即墨粮仓""青岛菜篮子"之称，不但直接服务段泊岚镇、移风店镇，还辐射紧邻的莱西、平度，发挥了很好的区位优势。

【基地特色】

★ 拥有自主研发生产的10L六翼植保无人机

★ 拥有以农业技术服务为主，兼具农业科技技术展示功能的农业科技服务中心

★ 整体运营即墨区农产品区域公用品牌"采食即墨"授权合作专营店——即墨区优质农产品展销中心

★ 以服务"三农"为工作出发点，建立了一套独有的新型农业社会化综合服务项目，突破了常见的"农机服务、农艺服务、农资服务"等常规农业社会化服务内容

【基地设施】农业科技服务中心、即墨区优质农产品展销中心、农机展厅、小型会议室、3个容纳100人的培训教室、容纳50人就餐的餐厅、图书阅览室、自动化喷淋系统、风干式杀虫仪、植保无人机、智能水肥一体机、风筒式电动喷雾器、太阳能杀虫灯。

即墨区优质农产品展销中心

小型会议室

培训教室

农业科技服务中心

图书阅览室

农机展厅

风筒式电动喷雾器

智能水肥一体机

太阳能杀虫灯

【培训活动】参观农业科技服务中心、即墨区优质农产品展销中心、农机展厅；参观并学习农机设备实操；通过公司讲解学习农作物病虫害绿色防控技术和新型农业社会化综合服务。

【开放时间】一年四季。

● **课程一：新型农业社会化综合服务体系建设及主要业务**

1.以服务"三农"需求为工作出发点，开拓新型农业社会化服务项目

公司在传统农业服务的基础上，发展新型社会化服务业务，与现代农业的转型升级、一二三产业融合发展相适应。从2019年开始，水肥一体化项目申报42户，推广面积共15 000余亩，累计申请上级补助760万元，直接带动经营主体增产增收15%以上，帮助种植大户完成农产品商标注册50个，农业项目申报103户/次；财务、生产记录代管20余户；组织深松保耕检测仪使用与维修培训20余次，培训人数600多人；承接农民技能培训，培训2 300余人；协助农民贷款10户，批复贷款3户；通过这种方式解决了农业经营主体不懂申报、不会申报、账务、生产管理薄弱的实际困难。。

2.深耕社会化服务市场，通过建设新型农业社会化服务体系促进服务水平提升

（1）建立一支"有情怀、爱三农"的专业化团队　开展农产品知识产权服务、农业项目申报与资源整合、农副产品线上线下销售、农村金融服务、新型职业农民培训服务项目、规范财务与生产记录；进一步完善知识点和提升业务服务水平，在不断优化产品销售、技术等传统服务项目的同时，积极探索为新型农业经营主体提供持续的、高质量的智力服务，逐步提升服务对象的经营管理水平。

（2）选择农业基础好的乡镇设立服务点，建立可推广、可复制的服务示范点、样板点。

3.多措并举，通过资源整合拓宽服务面、提升服务效果

利用校企合作、政企合作争取更多资源向服务"三农"靠拢，和青岛农业高新区服务中心合作，在中心驻地设立以农业技术服务为主，兼具农业科技技术展示功能的农业科技服务中心；国家商务部组织了"一带一路"国家、"上合组织"国家及多边国家援外培训班，积极争取学员到即墨参观学习。2019年接待援外培训班30余个，其中农业主题班6个，先后组织到即墨农业高新区、畜牧科技园等多个种植、养殖园区进行参观学习，促进了双方的交流。

4.为做好农民培训，配备优良教学设施设备，提供全方位后勤保障

为更好地进行培训活动，公司在总部和段泊岚服务中心分别设置

了培训教室，同时配备投影仪、音响、桌椅、笔记本电脑等教学设备与设施，两个教室均可同时容纳100余人上课学习，公司设置有专门的培训部门，配备有培训服务团队10人，专门负责农民培训工作，从培训招生、宣传、组织实施到档案管理均由专业人员负责，保证了培训的质量与水平。

除自有师资资源以外，与青岛农业大学、农业高新区多位专家教授建立了长期合作关系，目前已开设的常见农作物病虫害的绿色防控、休闲农业与乡村旅游等课程，受到了农民学员的欢迎。公司也根据不同培训对象定制不同培训课程，可满足不同产业、不用群体的培训需求。

● **课程二：农作物病虫害绿色防控技术**

1.病虫害绿色防控

病虫害绿色防控技术就是采用农业防治、物理防治、生物防治、合理的化学防治，有效控制农作物病虫害的技术。

2.实施病虫害绿色防控的意义

目前我国防治农作物病虫害主要依赖化学防治措施，我国是世界第一农药生产和使用大国。我国登记的农药产品有27 000多个，年产量190万吨，居世界第一，其中化学农药的比重较大。大量使用化学农药控制病虫害会导致病虫抗药性上升、天敌大量死亡和病虫害暴发概率增加等问题。

我国现阶段病虫害发生仍然严重。据农业农村部种植业管理司资料，目前，我国常见农作物有害生物有1 000多种，其中可造成严重危害的近100种，年发生面积达70亿亩次，对农业生产威胁很大，每年经过大力防治，可挽回粮食损失0.9亿吨左右，但仍损失粮食近0.25亿吨，防控任务十分繁重。

病虫害绿色防控技术属于资源节约型和环境友好型技术，推广应用病虫害绿色防控技术可有效控制病虫害，减轻农作物损失，保障粮食丰收和主要农产品的有效供给；有效解决农作物标准化生产过程中的病虫害防治难题，显著降低化学农药的使用量，避免农产品中的农药残留超标，提升农产品质量安全水平，增加市场竞争力，促进农民增产增收；可有效保护生态环境，确保农业生态环境安全。

3.示范推广病虫害绿色防控

"十二五"期间，率先在大中城市蔬菜基地、南菜北运蔬菜基地、北方反季节蔬菜基地和农业农村部园艺产品标准园区示范推广农作物病虫害绿色防控技术，全国蔬菜、水果、茶叶病虫害绿色防控覆盖面达到播种面积的50%以上，其他农作物病虫害绿色防控覆盖面达到30%以上，绿色防控实施区域内化学农药使用量减少20%以上，确保农药安全使用和农产品质量安全。到"十三五"末，主要农作物测土配方施肥技术推广覆盖率达到90%以上，绿色防控覆盖率达到30%以上，距离实现化肥农药零增长的目标更近了一步。

4.病虫害绿色防控主推技术

农业调控技术：重点采取推广抗病虫品种、优化作物布局、培育健壮种苗、改善水肥管理等栽培措施，并结合农田生态工程、果园生草覆盖、作物间套种、天敌诱集带等生物多样性调控与自然天敌保护利用等技术，从病虫害发生源头进行控制及改造病虫滋生环境，人为增强自然控害能力和作物抗病虫能力。

生物防治技术：重点推广应用以虫治虫、以螨治螨、以菌治虫、以菌治菌等生物防治关键措施，加大赤眼蜂、捕食螨、苏云金杆菌、绿僵菌、白僵菌、微孢子虫、蜡质芽孢杆菌、枯草芽孢杆菌、核型多角体病毒、牧鸡牧鸭、稻鸭共育等成熟产品和技术，积极开发植物源农药、农用抗生素、植物诱抗剂等生物生化制剂应用技术。

物理防控技术：重点推广昆虫信息素（性引诱剂、聚集素等）、杀虫灯、诱虫板（黄色、蓝色粘虫板）防治蔬菜、果树和茶树等农作物害虫及果树鸟害，积极开发和推广应用植物诱控、食饵诱杀、防虫网阻隔和银灰膜驱避害虫等理化防控技术。

科学用药技术：推广高效、低毒、低残留、环境友好型农药，优化集成农药的轮换使用、精准使用和安全使用等配套技术，加强农药抗药性监测与治理，普及规范使用农药的知识，严格遵守农药安全使用间隔期。

【联系方式】
负责人：黄佳生，电话15610561730（同微信）
联系人：杨暖暖，电话13165082799（同微信）
　　　　解　娜，电话13165083788（同微信）
地址：山东省青岛市即墨区墨城路539号甲

红樱桃，乌蓝莓
——青岛洋翔樱桃专业合作社

【基地简介】青岛洋翔樱桃专业合作社坐落于山水秀丽、风景优美的山东省青岛市胶州市洋河镇魏家庄村，紧邻省道S397，属于国家级上合示范区二期范围，注册资本5 000万元，占地200亩，坚持生态优先，绿色发展，开发休闲旅游业，着力于打造胶州湾底新自然生态合作社。

观光牡丹园

胶州大白菜种植基地

【基地荣誉】2019年被授予农民田间学校；2020年被评为山东省AAAAA级农业绿色发展示范社；2021年合作社生产的樱桃和蓝莓被评为绿色食品A级产品。

【基地特色】

★ 独创四土混合基肥法的蓝莓种植技术

★ 生产的蓝莓酸甜可口，大樱桃软糯香甜

★ 山东半岛先进的樱桃早熟栽培技术

【基地设施】樱桃种植大棚、蓝莓种植大棚、容纳50人的培训教室、活动拓展场地等。

【培训活动】参观樱桃、蓝莓园；通过合作社讲解学习樱桃、蓝莓种植管理技术。

【开放时间】3～16月。

蓝莓

先锋樱桃

棚内盛开樱花

田间课堂

● 课程一：蓝莓生产技术

1.栽植

在3~4月上旬，选择健壮苗木在枝芽萌动前进行栽植。栽植时将表土、基质与肥料混匀后回填，边回填边踩踏，防止后期苗木下沉。栽植时避免苗木根系与肥料直接接触。栽植深度以苗木根茎部与地面保持平行为宜。定植后及时浇透水。

2.土壤管理

清耕法，根据田间杂草情况，在整个生长季节中耕3~5次，中耕深度以5厘米左右为宜，行间不超过15厘米。生草法，采用行间生草、行内除草，具有保持土壤湿度，提高果品质量的作用。覆草法，土壤覆盖物以松针、作物秸秆和锯末为主，覆盖物厚度在10厘米以上。

3.施肥

土壤施肥每年分3次进行，第一次施肥在萌芽前（3月下旬至4月上旬），每亩施用微生物菌肥80千克。第二次施肥在开花前后（4月下旬至5月上旬），每亩施用微生物菌肥80千克。第三次施肥在9月下旬至10月上旬，每亩施用微生物菌肥200千克。

4.水分管理

土壤含水量维持在田间最大持水量的60%~70%为宜，在萌芽期、枝条快速生长前期、果实膨大期应保持充足的水分供应。在果实成熟期与采收前应当控制水分供应，提高果实品质。晚秋季节减少水分供应，促进枝条成熟。入冬前灌一次封冻水。

5.整形修剪

定植不满3年的幼树以培养扩大灌丛和整形为主，修剪时剪去花芽、细弱枝条和小枝叶；成龄树主要修剪株丛内的细弱枝、衰老枝、病虫枝、过密枝条、回缩老枝和过多的花芽；衰老树修剪病枝、枯枝、交叉枝和重叠枝。

6.病虫害防治

11月下旬结合修剪、深翻等操作，去除病虫枝梢、叶、果及杂草，以减少菌源，消除越冬害虫。12月结合深翻冬剪，将土壤深翻20厘米，消灭土壤中的越冬害虫。

● 课程二：樱桃生产技术

1. 苗木栽植

选择健壮苗木在春季栽植为好，采用深、宽均 0.8～1.0 米的丰产沟或大穴栽植，株行距 3 米×4 米，每亩 55 株为宜。

2. 土壤管理

每年结合秋季施基肥进行深翻改土，在定植穴挖环状或平行沟，沟宽 50 厘米，深 50～80 厘米。在雨后或者浇水之后进行中耕松土，深度一般以 5～10 厘米为宜。浅刨是春季抗旱的一项措施，应距树干 50 厘米处向外浅刨，以免伤到粗根。在早春进行树干培土，即在树干基部培起 30 厘米左右的土堆，可以固定树木，抗旱保栽，防止雨季积涝。

3. 施肥

在秋季果实采收后至封冻前结合深翻改土施入基肥，每亩施用微生物菌肥 200 千克。在花芽分化及果实膨大期每亩追施海藻菌粉 20 千克，最后一次追肥必须在收获前 30 天进行。

4. 灌溉

一般每年浇 4 次水，即花前水、花后水、果实膨大水和封冻水。浇水方法主要是滴灌。

5. 整形修剪

休眠期从 11 月中旬落叶开始至 3 月底萌芽时结束，一般以 3 月中下旬接近萌芽期修剪较为适宜。一般采用短截、缓放和缩剪的方法。生长期修剪主要在新梢生长期和采果后这两段时间。新梢生长期可采取摘心、拉直或环剥等措施抑制新梢旺长，促生分枝，增加枝量，促进花芽分化。

7. 疏蕾疏果

在开花前进行疏蕾，疏除细弱果枝上的小花蕾和畸形花蕾，每个花束状果枝上保留 2～3 个饱满壮花蕾即可。在 4 月中下旬大樱桃生理落果后进行疏果，一个花束状果枝留 3～4 个果实，要把小果、畸形果和着色不良的下垂果疏除。

【联系方式】
联系人：郑秀芬，电话 15964967808
地址：山东省青岛市胶州市洋河镇魏家庄村

"小核桃"做成大产业
——吴家核桃文化产业园

【基地简介】山东半岛第一座文玩核桃博物馆、山东半岛最大的文玩核桃种植基地——吴家核桃文化产业园。地处黄海之滨、胶州湾畔，坐落于山东省青岛市胶州市胶莱街道吴家庄村，紧邻309国道，交通便利。产业园占地500余亩。基地北边分南、西、北三个园区：南园区为占地100亩的文玩核桃种植园，从太行山、北京平谷、天津盘山等地引进狮子头、四座楼等稀缺品种20多个，2 000多株；西园区为占地300亩的食用薄皮核桃种植区，发展绿色农业；北园区为占地100亩的研学实训基地，建有文玩核桃博物馆、党史馆和实训场地。

园区入口

园区山水

园区温室

【基地荣誉】第十四届中国林产品交易会金奖、山东省农民林业专业合作社省级示范社、山东省十佳观光果园、山东省农业旅游示范点、山东省中小学生研学实践教育活动"行走齐鲁资源单位"、山东省经济林协会常务理事单位、青岛市级农民合作社示范社、青岛市休闲农业和乡村旅游示范单位、青岛市年度品牌建设先进单位、青岛市中小学生校外课堂、青岛市中小学生社会课堂、胶州十大休闲观光农业示范园区、胶州市中小学生校外社会实践基地。2022年3月，荣获青岛市第三批中小学生研学旅行基地荣誉称号。

【基地特色】
★ 山东半岛最大的文玩核桃基地
★ 山东半岛首座文玩核桃博物馆
★ 薄皮核桃绿色标准化种植
★ 典型的乡村旅游示范基地，可学习农业技术、进行拓展训练、参观野生动物保护站、享受特色餐饮
★ 吴家核桃旅游文化节（已连续举办六届）
★ 文玩核桃开青皮、赌青皮、配对体验

【基地设施】3处规模化种植园区、核桃油加工区、能容纳100人的教室、2处能容纳150人的餐厅、文玩核桃博物馆、占地30亩的拓展训练场地等。

菩提祈福树

文玩核桃展览馆

【培训活动】参观核桃种植园区、核桃油加工区、文玩核桃博物馆；体验非遗盘扣、小型植物种植；通过讲解了解合作社的发展，文玩核桃的历史、品种、把玩及收藏。

【开放时间】园区全年开放；每年10月举办吴家核桃旅游文化节。

【特色课程】

● **文玩核桃的历史、品种、把玩及收藏**

1.文玩核桃的历史

文玩核桃起源于汉隋，流行于唐宋，盛行于明清，因其独特的外形而具有医疗价值和艺术价值，进而具有收藏价值。

青皮核桃

文玩核桃

2.文玩核桃的挑选

挑选文玩核桃遵循"四字原则"，即质、形、色、个。质指质地，即质量，包括重量、表皮厚度、木质密度和硬度等。它影响着文玩核桃的寿命、上色快慢等。质地坚硬的文玩核桃表面圆润细腻、有质感，随着把玩时间的变长，越发红润漂亮，而质地疏松的把玩后会发黑，色泽暗。影响核桃质地的原因主要有品种、土壤环境、雨水程度等。质地好的文玩核桃经过长期的把玩后，碰撞时会发出金石之声，悦耳动听。形指文玩核桃的形状、纹路和配对。核桃形状是影响文玩核桃选择的重要因素，纹路是核桃本身的纹理，有深、浅、疏、密之分，也可根据分布状态分为网状、水龙纹、块状等；除形状、纹路外，配对也是重要因素。配对讲究一对核桃的纹路对称，纹路形状、走向一致。色指核桃在不同时期呈现出来的颜色。把玩过程当中，颜色会不断变化，一般文玩核桃把玩到10年左右颜色呈现深枣红色。文玩核桃由于品种、产地不同，皮色有很大差异。刚下树的核桃有的是白色，有的微黄色，有的浅褐色，无论什么颜色的原皮色，都以颜色自然均匀为宜。个是指核桃的个头。一般而言，品相俱佳的核桃个大者价值高，选购文玩核桃的大小在35～45毫米为宜（特指边宽）。采用嫁接的核桃树上的文玩核桃个头普遍偏大，45毫米以上的核桃并不鲜见。核桃个头有大杖把、小杖把、正把位、小把位之说，用拇指和食指围住核桃，食指与拇指有一个拇指指甲的宽度，就是大杖把；一个小指指甲的宽度，就是小杖把；一个韭菜叶的宽度，就是正把位；没有缝隙，就是小把位。对于侧重投资的文玩核桃爱好者而言，个是挑选文玩核桃的重点考虑因素；但对于单纯的玩家而言，对个没那么看重，适合即可。

3.文玩核桃的把玩及保养

把玩核桃时，双手尽量保持干净，但没有必要反复冲洗。把玩核桃时，双手尽量少接触护肤类产品，防止护肤品在核桃上积累，难以清除，影响核桃的包浆和上色。在把玩过程中，要经常清理核桃，防止灰尘留在核桃表皮上或者纹路缝隙里。文玩核桃的保存也要注意温度和湿度差异，冬天核桃不能放在暖气上或空调出风口的周边，夏天潮湿，要注意核桃的防潮防虫。另外，新核桃清理时，不要让水进入核桃内部，更不能放在阳光下暴晒，以防开裂。

上油：给核桃上油，主要看核桃的表皮，表皮光亮润泽的不用上油，表皮干枯就上点油。上油用小毛刷蘸少量油刷核桃，要刷匀，核桃表面不能有汪油的现象。上好油后，把核桃封存好，放置2～3天使油浸入核桃皮内。揉时要先用刷子将核桃刷干净。给核桃上油一定要结合核桃表皮的情况，上油太多，太频繁，揉出的核桃不透，色泽泛黑。

玩法：核桃有搓、揉、压、扎、捏、蹭、滚等多种玩法，但应用最多的是搓和揉。搓是把2个核桃分别置于手掌中的两个部位，由无名指和小指将其中1个核桃固定不动，另一个核桃由大拇指、食指、中指，捻住来回滚动，搓1～2分钟后，两核桃互换位置继续搓。揉是将核桃平放于掌中，用食指和中指将核桃推向拇指，同时用无名指和小指将另一个核桃推给食指和中指，拇指将前一个核桃钩住送向无名指和小指，依此类推，使核桃顺时针旋转，也可转换手指推送方向，逆时针旋转。注意无论搓或揉都不要使两个核桃磕碰，以免伤其自身的花纹。一般揉出一对核桃要3～5年的时间，不同的人揉出来的成色是不一样的，所用时间也不相同。因为人有油质皮肤和水质皮肤，油性大的人揉核桃爱上色，相反油性小的人，揉核桃不爱上色。天气对核桃的着色也有关系，民间流传，冬出光、夏着色的说法，即天冷揉核桃出亮光，天热揉核桃爱上色。

保养：核桃是六分搓揉、三分刷，一分保护。不管是搓还是揉，只能搓揉核桃突起部分的表面，核桃的凹陷处是接触不到的，在揉新核桃时最好准备把毛刷，经常擦、刷，使凹陷处也能上油，使核桃表皮更光亮。要想揉出一对色泽光亮红润的好核桃，打好底子是关键，底子即收拾核桃的初期。初期对核桃要用心搓揉，用力刷。保护就是当不准备搓揉时，把核桃用小布袋装好，或用手帕包好，用塑封袋也行，总之不要把核桃暴露在外，否则核桃上会落尘土，影响核桃的光亮。

收藏：收藏核桃之风在我国源远流长。核桃作为一种文玩的产物，有它的把玩和收藏价值。一对好核桃的价值可以达到几千甚至上万。随着把玩时间的增长，核桃会产生一种令人惊喜的变化，那就是平时所说的包浆，如琥珀般漂亮，玲珑剔透，叫人爱不释手；而且在把玩的过程中享受核桃为我们带来无限乐趣的同时，核桃本身的价值还在不断增加。收藏应以珍稀品种中的极品或绝版类型为主，收藏核桃雕刻品种要选择名人的作品。

4.文玩核桃的保健作用

"掌上旋日月，时光欲倒流。周身气血涌，何年是白头？"清朝的乾隆皇帝曾赋诗赞美文玩核桃。值得一提的是，核桃玩法还可分为文盘和武盘两种。文盘即是一对核桃在手中运转互不磕碰，讲究一个静字。而武盘，顾名思义，就是如同打架一样，故意让核桃互相磕碰，发出声响。文盘核桃在把玩的过程中，包浆比武盘慢很多，想要盘出一对漂亮的核桃，需要花费较多的时间和精力。从锻炼的角度来讲，文盘需要较武盘使用更大的力气，自然对手指的刺激更为明显。

【联系方式】

联系人：吴占嘉，电话13906480926

地址：山东省青岛市胶州市胶莱街道吴家庄村

小小农资店做出惠农大文章
——青岛市胶州裕丰农资有限公司

【基地简介】青岛市胶州裕丰农资有限公司成立于1999年，位于山东省青岛市胶州市胶东国际通用航空产业园（胶州市阜安第二工业园），临近胶平公路，距离济青高速收费站仅3千米，交通便利，地理位置优越。公司占地面积16 000米²，其中办公面积1 500米²，有50米²和500米²大小两个培训室，可一次性接收300人以内的培训工作，教室配有空调、电视、投影仪等教学仪器。公司自有田间学校实践基地2 000亩。公司附近有连锁酒店——格林豪泰酒店，方便为学员提供食宿。

【基地荣誉】公司自成立以来，立足"三农"、服务"三农"，2016年公司被胶州农业局指定为胶州市新型职业农民培训基地、青岛益农信息社；2018年指定为田间学校。2019年公司顺利通过ISO 14001环境管理体系认证，被评为AAA级诚信企业。公司先后获得全国首批共享农民田间学校、山东省农资经营优秀诚信企业、青岛市农资经营优秀诚信企业、全国统防统治星级服务组

田间学校

小麦病害统防统治现场

织、山东省农民乡村振兴示范站等。

【基地特色】

★ 坚持诚信经营、服务"三农"、行以致远

★ 打造经验可复制的农业社会化组织服务模式

★ 组团发展、构建战略联盟，与辖区内13家苗木种植基地、11家家庭农场、186家农资经销店形成战略联盟

【基地设施】可容纳300人的功能齐全的多媒体教室1处，2 000余亩实训种植基地，各类农业机械、玉米青贮机器8台，飞防无人机200余台。

秸秆装车

无人机飞防现场

秸秆打捆

粮转饲玉米青贮服务

【培训活动】参观大田青贮玉米基地、各类农业机械、有机肥加工制作流程；通过现场讲解学习社会化服务管理模式。

【开放时间】一年四季。

● 裕丰社会化服务管理模式

服务的目标：胶州市种粮大户。

提供的服务：公司拥有专业的服务团队、全套的作业机械和完善的农产品销售网络，可提供从整地、耕种、施肥、病虫草害防治、收获、仓储到销售各环节的服务。平台式管理，各项购销环节、机械作业、农业技术管理等都可以借助资源优势进行议价采购，可有效节约客户的成本，签订农产品的采购订单，为客户在农产品价格低迷时的收益提供保障。

盈利模式：①通过整合土地资源、采用现代农业生产管理技术等手段，提高生产效率，降低生产成本，获取规模化生产效益；②通过减少购销环节、借助资源优势进行大宗商品议价、赚取购销差价等实现收益；③发挥技术和管理优势，追求超额产量，获取规模化超额产量收益；④通过提供机械作业、农业技术管理等方面的服务，赚取服务费用。

财务管理：①按照国家会计制度的规定，记账、算账、报账做到手续完备，数字准确，账目清楚，按期报账；②按照经济核算原则，定期检查，分析公司财务、成本和利润的执行情况，挖掘增收节支潜力，考核资金使用效果，及时向总经理提出合理化建议；③妥善保管会计凭证、会计账簿、会计报表和其他会计资料。

风险规避：①充分利用自有资金，加强对自有资金的管控，对各种借支款项严格审批并及时催收；②注意长短期债务资本的搭配，避免债务资本的还本付息期过于集中；③做好资金来源、资金占用、资金分配和资金回收的测算和平衡，以保证资金的安全性、效益性和流动性；④对不同的客户给予不同的信用期间、信用额度和不同的现金折扣，制定合理的资信等级和信用政策；⑤在现销和赊销之间权衡，当赊销所增加的盈利超过所增加的成本时，实施应收账款赊销；⑥针对不同的客户、不同的阶段采取不同的收账政策，既要保证账款的有效收回，又要注意避免伤及客我关系。

【联系方式】
联系人：李团文，电话13905427990
地址：山东省青岛市胶州市胶莱街道办事处陆家村

一二三产业融合发展
之合作社公司集团制模式
——万众云集农业科技发展有限公司

【基地简介】青岛万众云集农业科技发展有限公司，坐落于山东省青岛市胶州市胶莱街道办事处胶莱工业园，位于胶州、平度、即墨、高密四地交界处，交通便捷，距青岛港、黄岛前湾港35千米，距青岛胶东国际机场5千米，距济青、同三高速公路入口处仅8千米，空连五洲，水系四海，地理位置非常优越。

公司成立于2017年11月，旗下包含青岛百业日新农产品种植专业合作社、青岛新益农农机专业合作社、青岛万众云集农业科技发展有限公司，注册品牌为"玉王誉"。总投资500万元，占地600亩。现有经济农作物种植基地1 000亩，蔬菜种植基地300亩，中草药种植基地50亩，年营业额达到1 200万元以

中草药种植基地

小麦种植基地

上。公司与山东省花生研究所、青岛农业大学机械学院建立合作关系，进行种植试验和机械应用试验。

公司坚持农业一二三产业融合发展，业务涉及种植基地、农业服务、加工销售、运营管理四大板块（种植基地，青岛百业日新农产品种植专业合作社；农业服务，青岛新益农农机专业合作社；加工销售，青岛清河源农副产品有限公司；运营管理，青岛万众云集农业科技发展有限公司），形成农业产业一体化良性闭环发展，立志打造乡村振兴区域高性价比新模板。2020年，玉王誉农业品牌创始人孙玉豪先生首次提出"玉王誉大农业理念"，助力成就现代农业产业链发展，真正实现农户、农企、农村的高品质发展，助力国家乡村振兴！

【基地荣誉】2020年，荣获青岛市市级示范合作社、全国绿色无公害种植示范基地称号。2022年，获批国家花生工程技术研究中心－青岛（玉王誉农业）科技成果转化基地。

【基地特色】

★ 拥有耕、种、植保、滴灌、收获、加工六大类农业现代化机械，实现了农业种植的规模化、集约化、高效化、安全化

★ 农业产业一体化良性闭环发展（一二三产业融合发展），形成集种植、农业服务、加工、休闲、培训于一体的农业产业项目

净菜加工车间

配送菜展示区

民宿酒店餐厅

现代化农业机械

★ 坚持大农业理念，构建集管理模式、经营模式、资本模式、商业顶层模式于一体的农业公司发展理念

【基地设施】3间可容纳100人的多媒体会议室及教室，40台套农业现代化机械，面积1 000米^{2}的蔬菜初加工、半加工车间，高效的净菜加工流水线。

【培训活动】参观不同类型的农业现代化机械、种植基地、蔬菜加工车间；通过现场讲解学习基地发展历程、一二三产业融合发展、玉王誉大农业理念。

【开放时间】一年四季。

【特色课程】

● **课程一：传统农业转型为现代化农业的疑问解答**

1.如何选择发展项目？

要选择国家以及当地政策鼓励支持并有很大发展前景的项目，比如一二三产业融合项目，原产地加工、粮改饲，都是政策鼓励发展的方向。选择农业项目前，先弄懂当前政策是很有必要的。

2.土地该如何规划才能降低成本，提高盈利？

其实流转土地这笔钱完全可以省去，比如采用土地托管或土地入股的形式与农户合作，不仅节省成本，还有利于与农户建立良好关系。

3.合作社和家庭农场有什么区别？

合作社可以从事生产、加工、流通、服务业务，甚至可以涉及金融业务，是一种侧重于资源整合的组织形式，既可以从事农业生产，又可以进行生产前端的生产资料和产品研发以及生产环节之后的流通、加工等增加农业附加值的环节。

家庭农场是以农业生产为主要收入来源的组织形式，目前我国的家庭农场主要以种养业为主，很难延伸产业链至农产品加工业以及前期的产品研发。

4.如何第一时间掌握国家政策？

可通过农业农村部、财政部以及国务院、发展和改革委员会等部门的相关网站了解，或到当地相关部门询问了解。

● **课程二：做好农业项目规划，赢未来！**

1.规划，相时而动

做农业项目之前，首先必须结合国家战略的方向，当地政府情况，

综合考虑资源条件、区位交通、人文历史等因素，尽可能科学、合理地制定好战略策划与规划设计。

2.搭平台建系统，统筹兼顾

农业是一个能够联动一二三产业的包容性大平台，是一个能够融合资本、资源、知识、人才的平台。

3.立诚信守法度，阳光生长

农业可以说是基于食品安全和生态保护需要而发展起来的绿色产业，这就要求经营者存良心、有良知，甘于做阳光下的产业，为民众提供安全、放心、生态的产品，并助民致富。

4.重品质多创意，出奇制胜

农业经营者不仅要确保产品质量过硬，还要有创新思维，不断创新产品的内容和形式，将项目和产品做到出奇、出新、出彩、出色，以应对消费者求新求异的体验需求。

5.强产业延链条，顺势而为

当产业基础夯实后，要把产业上中下的产业链发展起来，包括种子、生产、供销等环节。

6.创市场树品牌，永不败落

农业经营者既要注意项目的整体品牌形象的构建，形成集聚效应，也要注意单个项目和产品的品牌塑造，开拓消费市场。

7.联跨界探模式，盘活资源

加快转变农业发展方式，必须跳出农业看农业、跳出农业做农业。农业的涉及面很广，与生态文明建设的大战略相吻合，美丽乡村建设和新型城镇化建设也为农业发展带来了更多契机。

8.找差异赋文化，提质发展

差异化是农业项目在竞争中立于不败之地的生存之道。

9.谋合作铸团队，共生共赢

经营者必须具备团队意识和创新精神，要打造一个富有朝气、勇于创新、乐于创业、知识结构丰富的精干队伍。

【联系方式】

联系人：孙玉豪，电话 15020033233

地址：山东省青岛市胶州市胶莱街道办事处胶莱工业园2号

一位"土专家"的大白菜高效种植方法
——胶州市丰硕家庭农场

【基地简介】胶州市丰硕家庭农场是全市大白菜种植面积最大的家庭农场，位于山东省青岛市胶州市胶东街道斜沟崖村，与青岛母亲河大沽河相邻，水源充足，临近胶东国际机场，处于胶东临空经济区内。占地700余亩，农业生产机械化全覆盖，年产果蔬产品4 000多吨。以"胶味领鲜"为品牌，在青岛市批发市场开设直营店，以自产直销为主题巩固了与当地商超和其他采购商的供需关系。

【基地荣誉】农场无公害产品获得农业农村部和山东省农业农村厅双认证，被评为青岛市绿色果园、绿色食品生产单位、青岛市AAAA级安全放心农产品生产基地，获得"三品一标"绿色认证、胶州大白菜无公害区域品牌地标认证，丰硕园品牌已入选青岛市农产品名牌目录。

胶州大白菜国际美食文化节

胶州大白菜品牌化发展论坛

丰硕家庭农场

【基地特色】

★ 胶州大白菜种植面积最大的家庭农场

★ 生产的大白菜帮嫩薄，汁乳白，生食清脆可口，淡而有味，熟食风味甘美

★ 高效节约的家庭农场种植模式

★ 建成了农业品牌，开拓了农产品高端市场

采收白菜　　　　　　　　　丰硕农场主——匡兆强

【基地设施】可容纳50～80人的教室1处，占地700亩的白菜种植基地，占地100亩的多品种果园。

【培训活动】参观并通过讲解学习大白菜生产技术。品尝青岛母亲河沽河水灌溉的大田蔬菜，如土豆、姜、大葱、大白菜、胡萝卜等。

【开放时间】立秋至小雪，播种和收货胶州大白菜的时节。

● 大白菜A级绿色生产技术

1.地块选择

选择排灌条件好、远离工矿区，空气、灌溉水、土壤没有污染，地势平坦、排灌方便、土壤耕层深厚、理化性状良好、土壤肥力较高的地块。应避免白菜类作物重茬，也要避免与其他十字花科作物连作。

2.茬口安排

胶州大白菜栽培茬口安排分春季、夏季、秋季三个茬口，以秋季露地栽培为主。春白菜宜于3月下旬至4月初播种，夏白菜宜于6月下旬至7月上旬播种，秋白菜宜于立秋后8~10天播种。

3.品种选择

选用适合本地栽培的优质、抗病、高产大白菜品种，秋季以改良青杂三号、87-114等青帮叠抱类型为主。

4.生产过程管理

（1）整地 耕翻后耙细、整平起垄。垄距70~75厘米，垄高15~20厘米。垄下设排水沟。种植面积较大的，提倡采用地膜覆盖以及水肥一体化技术。

（2）精细播种 播前2~3天造墒，实行穴播。播前种子应进行消毒处理，一般在下午播种，播后盖细土0.5~1厘米厚，搂平压实，密度以每亩2 000株左右为宜。

（3）施肥方法

基肥：整地前每亩撒施优质腐熟有机肥2 000千克、腐熟大豆饼肥100千克、45%硫酸钾型三元复合肥（15-15-15）10~15千克。起垄前撒于垄沟中间，然后起垄。

追肥：定苗后当幼苗8~10片外叶展开时开始追施莲座肥，每亩施尿素5~10千克，硫酸钾7~9千克，包心初期每亩施硫酸钾肥7~9千克或三元复合肥10~15千克；结球期每亩施三元复合肥5~10千克。

根外追肥：在幼苗期、莲座期、结球期各喷施一次氨基酸钙与酵素乳酸混合液，可有效补充钙，降低干烧心的发病率。

（4）及时间苗、定苗 直播间苗应进行4次。幼苗出土后，每隔6~7天进行1次。第四次间苗（定苗）留1株，如缺苗应及时补苗。

（5）适时中耕除草 中耕除草应在白菜封垄前进行2~3次，中耕时应对垄面浅锄去草。

（6）合理浇水　播种后和幼苗期应保证充足的水分供应，幼苗后期应适当控水，促进根系发育，莲座期浇水应以地面见干再浇水为原则，进入结球期应加大浇水量，保持土壤湿润，收获前7～10天停止浇水。

（7）病虫害防治　在病虫害防治上，坚持预防为主、综合防治的原则，优先采用物理防治、生物防治，配合科学合理的药剂防治，严格控制用药次数及用量，坚决杜绝使用高毒、高残留农药。距白菜收获前20天停止使用农药。

物理防治：采用悬挂粘虫板、杀虫灯，覆盖防虫网措施，预防菜青虫、小菜蛾、蚜虫等害虫及其携带的病毒。

生物防治：保护和利用天敌，采用性诱剂等防治小菜蛾、蚜虫。

药剂防治：病毒病一般由蚜虫传播，因此可将二者一同防治。于幼苗期—莲座期用香菇多糖+叶面肥+吡虫啉，按1 000倍液喷雾2～3次。软腐病可于莲座期—结球期用77%氢氧化铜800倍液，或3%中生菌素600倍液浇根。霜霉病可采用10%烯酰吗啉800倍液或75%百菌清1 000倍液+80%代森锰锌800倍液喷雾防治。根肿病采用轮作方式、施用石灰调节土壤pH、选用抗根肿病品种进行预防，已经发生根肿病的大白菜病株，应及时将病株清出田外烧毁或深埋，不可随意丢弃，再用石灰封闭病穴，并对健株用多菌灵、百菌清等药剂灌根。菜青虫、小菜蛾、甜菜夜蛾于卵孵化盛期—幼虫三龄前用0.3%苦参碱500倍液或印楝素、鱼藤酮、苦皮藤素等喷雾防治。

5.适时收获与产后处理

当连续2～3天最低气温降至-1～2℃时，应及时收获。收获时去掉根土和黄叶，入窖贮藏，窖内温度保持在1～2℃。

【联系方式】

联系人：匡兆强，电话13853230287

地址：山东省青岛市胶州市胶东街道斜沟崖村

以食用菌为杠杆，撬动生态农业大循环

——青岛益菇园食用菌专业合作社

【基地简介】青岛益菇园食用菌专业合作社位于青岛市胶州市铺集镇孙家村，紧邻省道S217。合作社注册资本880万元，占地910亩，基地办公场所占地400多米^2。合作社自成立以来，通过搭建专家服务平台，以"合作社＋专家团队＋创业者"的合作模式，为农业创业创新提供支持和服务，逐渐打造"秸秆种菇，菌渣堆肥，菌肥替代化肥绿色种植"的生态循环农业闭环，带动区域生态循环农业的发展，取得了一定成果。

【基地荣誉】2019年，基地被农业农村部授予全国农村创业创新孵化实训基地；2020年，合作社被评为全国农民合作社示范社，"益菇园"品牌被评为第六批山东省知名农产品品牌；2021年，基地被山东省农业农村厅授予山东省现代农业产业技术体系食用菌体系综合试验站称号，"秸秆轻简化种植大球盖菇技术"等两项技术被山东省农业农村厅评为山东省农业主推技术。

食用菌栽培基地

【基地特色】

★ 山东省食用菌产业试验示范实训基地，种植品类丰富，模式多样

赤松茸

银耳

羊肚菌

榆黄菇

★ 高效循环农业示范基地，历经6年倾力打造，经过不断的试验、示范、推广，将科研成果落地转化，总结出系列的技术和标准

★ 秸秆轻简化种植大球盖菇技术

【基地设施】食用菌菌种研发培训和生产中心1座，食用菌种植示范大棚10个，粮食种植示范区315亩，绿色中草药种植示范基地500亩，农产品加工区3 000多米^2。

【培训活动】参观多种珍稀食用菌种植过程；科普食用菌养生知识及品尝特色美食；通过讲解学习秸秆综合利用和秸秆轻简化种植技术。

【开放时间】一年四季。

【特色课程】

● 课程一：林地高效栽培食用菌技术

1.林地黑木耳（Auricularia auricula production in Woodland）

在郁闭度小于0.8的林下，利用空气新鲜、湿润的生态环境条件，采用地栽方式培育黑木耳。

2.质量要求

耳片呈黑色或黑褐色，表面光滑，有光泽，耳片完整，大小均匀，厚薄一致，耳基小，无异味，无虫蛀，无霉烂。不得混入动物毛发和排泄物、碎耳基、菌料、泥沙及金属物等杂质。

3.场地选择与管理

宜选在地势平坦、通风良好，环境清洁、无污染、水源充足、排水通畅的林地，一般以2～6年生，密度4米×6米或3米×4米，郁闭度小于0.8的林地为宜。所选林地的温度、湿度、光照度，通过人工控制能够满足黑木耳的生长需要。远离工厂、禽畜场、垃圾场、废菌料堆等，并避开公共场所、公路主干道、生活区、原料仓库。出耳区、产品晾晒区、仓库区合理规划。设置木耳菌渣集中清运暂储及处理场地，配套设施，并采取隔离防护措施。

4.栽培季节

黑木耳属中温型品种，出耳温度一般在12～28℃，春季栽培宜在4月上旬开始出耳，秋季宜在9月中下旬左右出耳，各地可根据当地气候条件选择适宜时期生产。

5.生产管理技术

黑木耳栽培料含水率应在60%～65%。配方宜选用如下几种：

配方1：棉籽壳66%，玉米芯18%，麦麸15%，石膏粉1%。

配方2：阔叶树木屑78%，麦麸20%，蔗糖1%，石膏粉1%。

配方3：豆秸粉55%，棉籽壳20%，麦麸15%，棉饼粉5%，玉米粉4%，石膏粉1%。

配方4：阔叶树木屑50%，棉籽壳30%，麦麸18%，蔗糖1%，石膏粉1%。

配方5：阔叶树木屑66.5%，玉米芯颗粒20%，麦麸10%，豆粕粉1.5%，石膏粉1%，石灰粉1%。

配方6：杏鲍菇菌糠20%，杂木屑55%，麦麸22%，糖1%，石灰粉1%，石膏粉1%。

6.有害生物防控

以规范栽培管理预防为主，采用综合措施防控病虫杂菌，优先采用农业防治、物理防治，科学、合理地使用农药。严格按照农药安全间隔期用药。

选用抗病、抗逆性强的优质、高产品种，培养健壮菌棒。清除耳场杂草，摆袋前2天浇1次透水，地面撒无污染的消毒剂。畦床铺设地膜并在地膜上打小孔。发生病害后，及时清理掉病菇，停止喷水，对病区采取隔离措施。接触过病菇、病料的手或工具，清洗干净，并用75％乙醇或0.25％新洁尔灭溶液擦拭消毒。每季栽培结束后，及时清理废菌料和杂物，并对菇场进行消毒杀虫处理。悬挂电子（或频振式）杀虫灯，诱杀菇蚊、菇蝇等。利用紫外线、臭氧等进行接种室、发菌室空间消毒。保持耳场环境清洁卫生，注重通风调节，调控耳场的温度和空气相对湿度，保持适度光照，以提高木耳的抗病、抗逆能力。

选择使用微生物源、植物源农药防治。用中生菌素、多抗霉素等农用抗生素制剂或复方中草药杀菌制剂，可预防和控制黑木耳多种病害。在无菇期或避菇使用多杀霉素、苦参碱、印楝素、烟碱、鱼藤酮、除虫菊素或复方中草药杀虫制剂等防控害虫。

7.生产记录档案

每个林地栽培场建立独立、完整的生产记录档案，记录产地环境条件、生产投入品、栽培管理和病虫害防治等内容，提供黑木耳生产所涉及的各环节的溯源记录。记录档案保留3年以上。

● **课程二：平菇液体菌种生产技术**

平菇液体菌种生产技术主要流程如下：

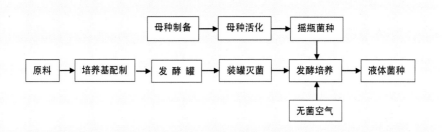

1.品种选择

选择优质、产量高、抗逆性强、菇形好、品种来源清楚的平菇品种，从具有一级菌种（母种）生产资质的供种单位引种。

2.母种生产

容器：使用18毫米×180毫米或20毫米×200毫米的玻璃试管，试管应保持清洁、干燥。试管塞选用硅胶塞或棉塞（梳棉或化纤棉）。

培养基配方：马铃薯200克/升（煮汁）、麦麸20克/升（煮汁）、葡萄糖20克/升、酵母浸粉3克/升、磷酸二氢钾1克/升、硫酸镁0.5克/升、琼脂20克/升。

培养基配制：以配制1 000毫升培养基为例。选用无青皮、未发芽的新鲜马铃薯，洗净、去皮、去芽眼，切成薄片，加水1 200毫升左右，麦麸用纱布包裹，与马铃薯一起煮20～30分钟，用预湿的4层纱布过滤。取滤液加水定容至1 000毫升，重新煮开后加入20克琼脂，边煮边不停搅拌防止粘底，直至琼脂全部融化。加入其他配料搅拌直至溶化。趁热用分装器分装，分装时试管一直保持直立，装量为试管长度的1/5～1/4，管口不能粘上培养基。分装后盖紧试管塞，每7只试管一捆，用牛皮纸包住试管塞，用耐高温橡皮筋或塑料绳扎紧。

培养基灭菌：将捆扎好的试管直立放入灭菌器内锅，锅内留有一定的空隙。检查锅内水位，关闭灭菌锅阀门，确定密封无漏气时开始灭菌。高压灭菌锅有全自动和半自动，具体使用方法依据产品说明或咨询生产厂家。压力升至0.1～0.12兆帕，恒压35～40分钟。

摆斜面：灭菌结束，自然降压至零。打开锅盖，利用余热烘干试管塞，将试管的前端斜放在1厘米厚的木条上摆出斜面，斜面顶端距试管口不少于50毫米，冷却后收起备用。

接种培养：接种前，将接种箱或超净工作台进行消毒，同时检查、核对菌种。在消毒后的接种箱或超净工作台上，点燃酒精灯，分别对接种针、母种试管口进行消毒，用冷却后的接种针切取（3～5）毫米×（3～5）毫米的一块母种，迅速转接到待接种试管培养基斜面中央，接完种将瓶口用酒精灯迅速消毒，盖上试管塞，并及时贴好标签。将从同一只试管转接的试管捆成一捆，试管塞用牛皮纸包好，放在23～25℃的恒温培养箱内培养6～7天。

菌种质量标准：优质的菌种表现为菌丝白色、整齐、均匀、无角变、无杂菌，活力强，培养基不萎缩。感染杂菌、活力不强的菌种不宜使用，以免对批量生产造成损失。

【联系方式】

联系人：张逸，电话18663959388

地址：山东省青岛市胶州市铺集镇孙家村

聚资源，建网络，做服务

——莱西金丰公社

【基地简介】莱西金丰公社是由莱西市人民政府、金丰公社和青岛昌盛兴农机有限公司于2017年11月共同出资成立的，是一家集农业机械、农资销售、农业种植、生产托管、植保服务、粮食贸易等于一体的新型农业社会化服务主体。公司位于山东省青岛市莱西市夏格庄镇，注册资金1 000万元，占地面积12 000米^2，其中机具库6 000米^2，农业技术培训教室800余米^2。公司自有机具设备齐全，实验室功能齐全，试验基地10 000余亩，并建有日烘干能力300吨、总仓储量达3.2万吨的配套设施，拥有各类专业技术人员40余人。莱西金丰公社依托自身资源优势，由农机销售公司成功转型为农业生产托管服务组织。莱西金丰公社始终坚持以市场为导向、以农民需求为根本，依托先进的数字化管理平台，建立了集农资供应、农技服务、技术研发、农产品销售为一体的全产业链服务体系，实现了农业生产耕、种、管、收、销的机械化、智能化和标准化，将越来越多的小农户纳入现代农业发展轨道，推动了农业生产规模化、标准化、精准化和种植业结构调整，实现了多方共赢。

目前莱西金丰公社有农机展厅、农资展厅、数字农业数字平台展示、新品种基地展示等，致力于打造大田作物小麦、玉米的新型种植模式；在示范区内还可以进行无人驾驶的实地操作，无人植保机的演示操作；公司主要进行土地管托服务的政策落地，以及探索创新农业服务发展模式和农机作业技术示范与推广等工作，是目前莱西市专业化的农业生产托管服务组织之一。

【基地荣誉】莱西金丰公社荣获全国统防统治星级服务组织、山东省新型职业农民乡村振兴示范站、山东省农业"新六产"示范主体、山东省农业生产性服务省级示范组织、青岛市市级龙头企业、青岛市乡村振兴工作先进集体、青岛市首届无人驾驶航空植保技能大赛突出贡献奖、新型职业农民的农民田间学校、农业产业化探索企业等荣誉。

【基地特色】

★ 建立了集农资供应、农技服务、技术研发、农产品销售于一体的全产业链服务体系

★ 实现了农业生产耕、种、管、收、售的机械化、智能化和标准化

★ 可同时满足多人参与农业生产实践，包含农业机械、无人机实操，水肥一体化设备运用等

★ 大田作物"小麦+玉米"的耕、种、管、收、销全产业链的管理模式

★ "六统一"（统一供种、统一耕种、统一管理、统一防治、统一收获、统一销售）全程托管服务模式，实现节本增效

★ "土地入股+保底分红"托管新模式，实现多方共赢

★ 多环节托管模式，实现农业生产便捷高效

★ 实行"龙头企业+村集体+农户"的运营模式

★ 将物联网应用于大田作物种植

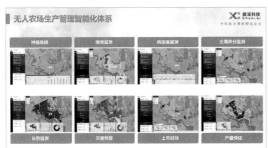

无人农场管理系统

深翻作业

无人驾驶播种

无人机作业

小麦籽粒收获

自动回收喷灌

小麦打捆离田

【基地设施】培训教室3处，标准化培训车间2处，室外活动培训场所1处，无人植保机50台，航拍无人机3台，农业机械60余台套，测土配方实验室及实验设备，农机展厅，农资展厅，数字农业数字平台，新品种基地等。

【培训活动】参观数字农业产业园、新型种植试验田；参观各类农业机械并通过讲解学习相关知识；体验操控无人机进行飞防作业的乐趣；通过讲解了解新型服务主体发展模式。

【特色课程】

● **新型服务主体托管模式**

为满足农村不同群体托管需求，实现农业节本增效、农户轻松增收，莱西金丰公社探索出全程托管、土地入股托管、多环节托管三种服务模式。

1.推行"六统一"全程托管服务模式，实现节本增效

公司通过"先服务、后付费"的方式，为常年外出打工或无劳动能

力的农户提供耕、种、管、收、销全程生产托管服务，经村民委员会或农户自发协调置换连片田地100亩以上，由莱西金丰公社与农户、村集体签订生产托管协议，采取"六统一"的方式提供全程标准化托管，保证产量不低于当年当地平均产量。作物收获后，扣除固定的农资成本和服务费后（收费全部公开公示）的收益归农户。目前，公社全程托管面积13 321亩。"六统一"服务模式有效打消农户顾虑，各种物化成本大幅下降，一年按小麦、玉米两季算，每亩节本近200元。同时通过规模化、标准化、专业化生产管理，有效提高了土地利用率，提升了粮食品质，每亩增产10%以上，每亩收入增加200元左右。

2. 探索"土地入股+保底分红"托管新模式，实现多方共赢

公司以"利"为纽带，合理兼顾农户、村集体、镇村服务站各方利益不断完善土地入股、收入保底、盈余分红的利益分配机制，实现利益共享，充分调动了各方积极性。农户以土地入股获得300元/亩保底收益和收获后纯收益的60%；莱西金丰公社垫资生产（农资、管理、农机作业），获得40%的盈利分红；由村集体参与组织服务的从公司40%的盈利分红中分得10%；镇村服务站收取每亩200～400元不等的生产托管服务费。刘家疃示范村全村650亩土地入股莱西金丰公社托管，小麦、玉米两季作物全年每亩600元作为保底收益，年底每亩实际分到收益1 000元，仅此一项村集体当年增加收入10万元。

3. 多环节托管模式，实现农业生产便捷高效

对季节性外出打工、家庭劳动力不足或缺少机械、技术的农民，莱西金丰公社创新开展"菜单式服务"，在各服务站公布各类农资和各环节机械化作业服务团购费用，农户根据自身需求，对照公司提供的服务清单按需点单、自愿选购，公司根据农户所选项目定期或预约上门服务，其他日常田间管理由农户自己承担，充分体现了农业生产托管的灵活性和多样性。截止2021年底，共实施秸秆灭茬6万余亩，无人机飞防25万余亩，小麦、玉米耕、种、飞防、收等多环节托管13万余亩。

【联系方式】
负责人：张玲玲，电话13869805318
联系人：李　娜，电话15215325389
地址：山东省青岛市莱西市夏格庄镇华盛路1号

小种苗蕴含大能量

——山东青大种苗有限公司

【基地简介】山东青大种苗有限公司是一家集国内外优良品种引进、优选、繁育、推广于一体的农业科技型企业。首家国有控股的省级良种繁育场，是农业农村部果树无病毒良种苗木繁育基地。2007年国内首家从意大利引进M9T337苹果矮化砧并建立集约化示范园。公司2018年和中国农业科学院合作成立国家落叶果树脱毒中心青岛无病毒葡萄苗木栽培试验基地。年繁育各类种苗1 500万株以上。公司主要进行无病毒果树苗木的繁育推广以及其他各种果树苗木的脱毒组培等工作，是国内仅有的市场化运作的脱毒组培中心之一。

【基地荣誉】青岛市果树无病毒良种苗木繁育基地，国家公益性行业（农业）科研专项"果树遗传改良与品质控制技术研究及其应用"示范基地，国家落叶果树脱毒中心青岛无病毒葡萄苗木栽培试验基地，山东省农业产业技术体系水果创新团队现代果园综合技术研究与应用示范基地，国家苹果、梨产业技

育苗棚

葡萄苗木繁殖圃

术体系遗传育种及砧木利用岗位专家试验基地，青岛市科普示范基地，青岛农业大学教学科研基地，青岛市引智成果推广示范园，国家星火计划科技成果转化中心。

【基地特色】

★ 北方首家脱毒阳光玫瑰葡萄种植示范园

★ 种苗组培工厂化繁育大幅度提高了种苗的质量及整齐度

★ 国家级无病毒果树良种繁育基地

★ 示范园树种繁多，种类齐全

★ 国内首家现代化矮化密植果园示范基地，改变了传统果园无法使用机械生产、用工量大的现状

示范园

母本园

组培室

实验室　　　　　　　　　　　　　　　　　接种车间

【基地设施】公司拥有3 000米²的现代化生物工程实验室，容纳200人的培训中心各一个。拥有6 000米²的联栋温室，各种果树高标准栽培示范基地100亩，场外育苗基地1 200亩，包括母本园、种质资源圃、繁殖圃等。

【培训活动】学习实践无病毒葡萄果穗整理；体验葡萄采摘；参观学习矮化密植果园管理；通过现场讲解学习脱毒阳光玫瑰葡萄种植技术、气雾栽培技术。

【开放时间】一年四季。春季苗木栽植体验，夏季示范园管理展示，秋季示范园果实采摘，冬季脱毒苗木扩繁及苗木室内嫁接。

【特色课程】

● 课程一：脱毒阳光玫瑰葡萄种植技术

1.苗木选择

种植阳光玫瑰必须选用生长健壮、根系旺盛、没有病虫害的苗木。苗木在入土栽种之前最好先做处理，修剪根系，将枯根、老根、烂根全部剪掉，之后将其放在多菌灵溶液中浸泡消毒，这样能提高抗病能力。

2.苗木定植

阳光玫瑰葡萄通常都是在春季种植。先根据苗木大小挖定植穴，并在穴内放入基肥，提高土壤肥力。然后再将处理好的阳光玫瑰葡萄苗木放入穴内，确保它的根系都伸展开，填土，压实土壤。栽种之后还要浇透水，让苗木吸足水分，促进萌发。若是温度低要覆盖塑料膜，保证温度适宜。

3. 树形选择

目前适应阳光玫瑰栽培的有四种架形与树形：H形水平棚架，"一"字形水平棚架，飞鸟形高宽垂架、V形架。

H形、"一"字形适合大棚栽培，飞鸟形、V形适合简易避雨栽培。H形行距6～7米，"一"字形、飞鸟形行距3～3.5米，V形行距2.5～2.8米。

4. 抹芽处理

定枝以叶片摆满但不相互遮挡为宜，一般情况下，建议梢间距保留20厘米，如果树势强劲，叶片较大，梢间距可提升至25厘米。建议每亩留梢量2 200条。

5. 副梢管理

花序以下副梢全去除，避免气灼，花序上2节副梢保留，两叶绝后摘心，预防日灼。劳力有保证的园区，尽量多留副梢，副梢隔一留一；劳力不足的园区，最上端四到六节副梢保留，一叶绝后其余不留。如新梢长势过旺，节间超过12厘米，全园喷施缩节胺(5克/亩)或调环酸钙(10克/亩)。

6. 载果量控制

梅雨天气，高温伏旱明显的区域，尤其是淮河以南，标准留叶量下穗重不超过800克，亩产不超过1 500千克，保证按时成熟。淮河以北地区，8月平均气温低于35℃，有效降雨不足10天，标准留叶量下穗重可保持在1 000克，亩产可维持在1 000千克。黄土台塬地区，全梢20片叶以上，可考虑一梢双穗。

7. 花期管理

阳光玫瑰葡萄不得拉花。见花前三天疏花，目标穗重800克，保留序尖5厘米，约65朵花，目标穗重1 000克，保留序尖6厘米，约70朵花。

8. 果穗整理

第一次处理，见花蕾至开花前一周，针对花序喷施200毫克/千克链霉素。在其满花后的12～48小时，湿度大，尤其是棚内栽培，需要预防灰霉病。最好施用200毫克/千克链霉素+10毫克/千克赤霉酸+2.5毫克/千克氯吡脲。也可加入5 000倍的保美灵，可以减轻果锈病。

第一次处理后，间隔10～14天进行第二次处理，如花后天气晴朗，可在首次处理后10天使用药剂蘸果，如遭遇阴雨天气，需延迟2～3天。第二次处理药剂为25毫克/千克赤霉酸+2毫克/千克氯吡脲。

葡萄整穗

9.病虫害防治

萌芽前。去除枯枝、病叶,刮去老树皮,萌芽前1个月喷石硫合剂杀菌及消灭虫卵。

新梢生长期。4月中上旬展叶3～5片时,喷10%吡虫啉800～1 200倍液和25%嘧菌酯1 500倍液,开花前配合施用80%代森锰锌500～600倍液和50%腐霉利300～400倍液,重点预防灰霉病、霜霉病、蓟马、绿盲蝽、介壳虫。

开花初期。喷10%吡虫啉800～1 200倍液、25%嘧菌酯1 500倍液、50%异菌脲可湿性粉剂100倍液、10%苯醚甲环唑800～1 200倍液和5%甲氨基阿维菌素苯甲酸盐8 000～10 000倍液,并配合喷施0.2%～0.5%磷酸二氢钾和微量元素硼,防治灰霉病、炭疽病、白腐病和绿盲蝽等。

果实膨大期和转色期。套袋前喷1次25%嘧菌酯3 000倍液、10%苯醚甲环唑4 000倍液、5%甲氨基阿维菌素苯甲酸盐10 000倍液。套袋后喷施10%吡虫啉800～1 200倍液、10%苯醚甲环唑800～1 200倍液和5%甲氨基阿维菌素苯甲酸盐8 000～10 000倍液,并配合0.2%～0.5%磷酸二氢钾和微量元素硼和钙,隔10～15天喷药1次,促进果实着色,提高葡萄果实品质。

● 课程二:气雾栽培技术

气雾栽培(雾培)是让植物的根系置于气雾环境中,让植物更快进行生长发育的一种新型无土栽培模式,雾化的营养液给植物提供了充足的营养和氧气，并使根系毫无阻力的自由伸展。

1.试验气雾室

密闭气雾室内设置两排培育架，中间预留0.8米的人行道，密闭空间外安置一个超声波气雾机和排气扇，利用开口插接喷雾管道与密闭空间连接，用于自动调节密闭室内温湿度。

2.选取插条

于4月中旬选择生长势良好、无病虫害、健壮、芽饱满的当年生半木质化的枝条作为插条。插条长度8～10厘米，保留2片叶，上端切口为平切口，下端距离底芽0.5～1厘米。插条从母体分离后，应立即放入装有水的水桶中，并用桶盖盖上，减少光照和热量，以免叶片失水而萎蔫，从而影响插穗的成活率。

3.插条消毒

将剪切好的插条放置在提前配制好的多菌灵溶液中浸泡半个小时以上，进行杀菌消毒。

4.生根处理

为了提高生根率，将捆扎好的插条基部1～2厘米部分迅速蘸入500～2 000毫克/千克的ABT生根粉溶液中，保持30秒后扦插。为防止插条腐烂，每周喷洒杀菌溶液，进行消毒处理。

5.喷雾处理

生根处理完成后，尽快完成扦插入室培养观察。培养室配置全自动喷雾系统，当白天气温超过28℃时启动喷雾，同时开启天窗通风，并每隔半个小时喷雾1次，每次持续30秒，同时搭设50%遮阳网进行遮光。

6.结果观察

定期观察记录插条不定根发育情况。插条养护1周后观察，发现切口处及插入基质部位出现零星白色囊状块。养护2周后观察，约3成插条生根，其中约90%的不定根从插穗基部向上2～3厘米处长出，不定根长约1厘米左右，此时愈伤组织较大，有部分不定根从愈伤组织中伸出。养护3周后观察，基部愈伤组织部位有多个根长出，长4～6厘米，长势粗壮，需换盆进行出室前培养。

【联系方式】

联系人：战良，电话18678993746

地址：山东省青岛市莱西市威海西路27号

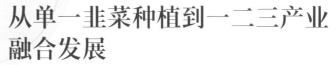

从单一韭菜种植到一二三产业融合发展

——青岛杰丰有机农业发展有限公司

【基地简介】青岛杰丰有机农业发展有限公司位于山东省青岛市莱西市沽河街道办事处店埠镇与夏格庄镇交界处，距大沽河直线距离1.5千米，共流转九个村庄2 000余亩土地。园区设有观光采摘农业大棚、生态会员餐厅、农家四合院、祈福庙、绿色鲜食区、QQ家庭农场、儿童拓展游乐园等，直接带动了观赏经济作物种植、蔬菜瓜果消费、家禽家畜消费、餐饮接待、民俗文化消费的全面发展。目前园区主要以四季休闲采摘为主导产业，四季果蔬采摘园包括特色蔬菜区、火龙果采摘区、草莓、甜瓜、水果玉米、樱桃番茄、葡萄、矮化苹果及特色果品种植区，成功塑造出山后韭菜，山后黑猪肉，山后草莓、番茄、葡萄、苹果、油桃等一系列名牌农产品。园区实行"企业＋合作社＋农户"的运营模式，建成一个集生产、销售、加工、观光、采摘、休闲娱乐于一体的田园综合体。生态园经常举办以乡村人居环境、民俗文化、田园风光、农业生产及其自然环境为主题的活动，通过这些活动，让人们重新认识自然，加强城乡居民之间的交往，满足了都市人"回归自然"的心理需求。

【基地荣誉】被评为山东省农业旅游示范园、国家现代化农业示范园、全国旅游示范区、行走齐鲁资源单位、国家现代农业示范基地、国家AAA级旅游景区、全国休闲农庄、国家现代农业示范区重点企业、山东省农业旅游示范点、山东省畜牧旅游示范区、青岛市重点龙头企业、青岛市新型职业农民培训基地、青岛市未成年人"社会课堂"、青岛市首批农村创业创新园区、青岛市首批新型职业农民培训示范基地和农民田间学校等荣誉。

【基地特色】

★ 基地已获得绿色有机认证

★ 在生态农庄学习农业常识、体验农活、野外生存，获得新技能，体验回归大自然的乐趣

★ 园区实行"企业＋合作社＋农户"的运营模式

★ 园区为集生产、销售、加工、观光、采摘、休闲娱乐于一体的田园综合体

★ 山后韭菜辛辣味淡，韭菜味浓郁，颜色翠绿如同翡翠，有山后翡翠韭菜的美称

采摘园中的长果桑

公司一角

非遗文化陶泥体验馆

农耕博物馆

【基地设施】5 000米²的光伏太阳能发电高温连栋温室，25 000米²的智能连栋温室，四季果蔬采摘园，1座50亩的黑猪生态养殖场，4间可同时容纳800人的农民课堂培训教室，可同时接待200人住宿、1 200人就餐的配套设施，手工作坊1处、教育拓展基地、农产品深加工生产车间等。

山后韭菜

劳动实践基地

【培训活动】参观农耕博物馆；体验非遗文化陶泥制作、四季果蔬采摘；收割品尝头茬韭菜；通过讲解学习田园综合体发展运营、蔬菜种植及管理技术。

【开放时间】一年四季。

【特色课程】

● 课程一：山后韭菜的种植管理

1.山后韭菜的种植

山后韭菜采取露天播种、育苗，每年3月下旬至4月上旬育苗，秋季9月下旬至10月上旬移栽，一般行距35厘米，株距1厘米，平行移栽，移栽后大水浇灌1次，15天后除草松土。

2.山后韭菜的日常管理

山后韭菜采取立体物理防治方法，韭菜大棚每年4月上旬撤掉塑料薄膜，换上40目防虫网，将80%的虫子挡在棚外，棚内悬挂粘虫板，放置糖醋酒液盆，起到二次诱杀的作用，阻止地蛆的繁殖，极大地减少了农药的使用量，保证农产品绿色安全。每年3月韭菜收割后每亩施1 000千克豆粕作为底肥，然后覆土3厘米，大水浇灌1次，让豆粕充分发酵，保证后续韭菜的营养充足。

● 课程二：葡萄病虫害综合防控

1.葡萄避雨栽培和露天栽培病害防控重点

葡萄露天栽培防病重点是霜霉病和白腐病，避雨栽培防控重点是灰霉病和白粉病。这几年避雨栽培越来越多，棚内微环境和露天栽培相比区别很大，尤其是病害发生时机。

2.灰霉病的综合防控

灰霉病早期在植株上的表现为产生"灰毛毛"，其病原孢子会随着空气流动乱飞，所落之处成为新的感染源，在孢子形成前加以防控，灰霉病的病原基数将少很多。实地观察春梢的生长点，对比健康新梢和染病新梢的区别，认识灰霉病的潜伏期。

3.霜霉病的综合防控

霜霉病在14~25°的雨雾天传播很快。要认识霜霉病的传染源，该病在春季植株嫩叶上形成"小黄点"，要有针对性的施用防治霜霉病的药剂。

认识果粒霜霉病和果梗霜霉病，了解霜霉病病原进入袋中后次生感染带来的危害，掌握霜霉病病原进入袋子的途径。若果穗周围的叶片感染会传染给果穗，有效隔离病叶就可以避免果穗染病。

4.白腐病的综合防控

高温期易出现白腐病。白腐病根据在植株上的表现症状不同可分为不同种类，烂叶柄的白腐病和产生V形病斑的白腐病侵染时期不一样。白腐病潜伏期特别长，找不到防控的最佳时期，我们可以找到潜伏的最佳位置，在这个位置重点布防就可以很好的解决白腐病。

5.白粉病的综合防控

葡萄露天栽培极少有白粉病，主要原因是葡萄露天栽培的气候和生产习惯不利于白粉病的传播。而避雨栽培的气候和生产习惯有利于白粉病的传播。

深入分析避雨栽培内的气候特点和生产习惯，结合白粉病发生的理论知识，通过指示植物找到白粉病防控的最佳节点。

6.蓟马和绿盲蝽的综合防控

葡萄的主要害虫是蓟马和绿盲蝽，因为体型小，发生频率高，出蛰期不一致，很难找到防控节点，所以经常"小虫成大害"。了解其习性，通过观察指示植物上虫子咬过的伤口，找对防控时机，解决"小虫成大害"的问题。

【联系方式】

联系人：赵新德，电话13573808567

地址：山东省青岛市莱西市沽河街道办事处董家山后村南

生态农业促发展，四季观光创效益
——青岛双龙泉家庭农场

【基地简介】青岛双龙泉家庭农场位于山东省青岛市莱西经济开发区小院村，S215与潍莱高速交会处南大约350米路东，交通条件便捷，地理位置优越。农场以生态果蔬种植为主题，在休闲采摘上取得新突破，种植特色经济果蔬，营造绿色生态园区，集四季果蔬采摘、有机农产品生产销售、休闲农业生态观光和高科技农业示范于一体，推动了乡村旅游发展并利用"南京路上好八连"组建地建成"南京路上好八连组建地"纪念馆，发展红色乡村旅游。

【基地荣誉】经过几年的建设与努力，农场先后获得全国农村创业创新园区，省级现代生态循环农业示范点，省级休闲农业与乡村旅游示范点，省级精品采摘园，省级示范家庭农场，青岛创新创业活力区，青岛市"十强""百佳"家庭农场，青岛市绿色果园，青岛市知名农产品品牌，青岛市农业广播电视学校农民田间学校，青岛市新型职业农民培训基地，青岛市开放大学莱西分校现场教学基地，莱西市首届老百姓最喜爱的农产品，莱西市2019年度市级示范家庭农场，莱西市青少年校外实践活动基地，青岛市中小学生研学旅行基地，青岛市未成年人"社会课堂"场馆等荣誉称号。

【基地特色】

★ 采用轮作、休耕、间作、改良阳畦、施用农家肥、种养结合等方式，实现果蔬生态种植

★ 农场新奇品种多，可四季采摘

★ 养殖区与种植区相间设置，实现农业生态循环

★ "南京路上好八连组建地"纪念馆，传承红色历史文化

★ 垂钓中心可供游客休闲垂钓

★ 采摘园、萌宠乐园拥有丰富的植物景观群落，休闲采摘、接触可爱的动物很有趣味

★ 各类户外活动实现了农业生产与休闲体验的有效结合

【基地设施】能容纳200人上课的培训教室2处，能够接待200人就餐的餐饮区，四季果蔬采摘园，"南京路上好八连组建地"纪念馆，休闲垂钓中心，萌宠乐园，拓展活动场地等。

"南京路上好八连组建地"纪念馆

蜜杏采摘

休闲垂钓中心

萌宠乐园的牛羊

【培训活动】体验果蔬采摘；观光生态农业；参观高科技农业示范园、"南京路上好八连组建地"纪念馆；通过讲解学习了解家庭农场经营管理、果蔬生态种植技术。

【开放时间】一年四季。

【特色课程】

● 家庭农场经营管理

1. 生态果蔬种植

农场积极推行绿色防治技术，选用优良品种，遵循生态系统的多样化，采用轮作、休耕、间作、改良阳畦、施用农家肥、种养结合等方式，有效减少病虫害、稳定产量、恢复地力。农场同时还养殖了各种家禽牲畜，采取养殖区与种植区相间，保护生态环境，实现农业可持续发展。

对土地增施有机肥、秸秆还田、种植绿肥、深松整地、调节土壤等。施肥使用腐熟粪肥、豆粕有机肥和生物有机肥，用沼液追肥。农场养殖的鹅、鸡、羊等家畜的粪便全部收集到一起，发酵再追施到地里。整个农场不对外排放一点废水废物，全部循环利用。

杂草防治，完全采用人工刈割及动物取食除草。由专业技术人员制定田间管理措施，做到生产过程全控制，确保生产绿色产品。

2. 四季果蔬采摘

农场建有冬暖大棚26个，种植桑葚、草莓、油桃、台湾长果桑等；露天果园280余亩，种植梨、桃、苹果、核桃等40多种果树。农场采摘园分为室内草莓、台湾长果桑、油桃等采摘和露天桃、梨等采摘。大田作物有玉米、马铃薯、花生等。可实现一年四季采摘。

3. 生态观光

农场根据现成的农业设施进行传统农耕文化授课和现代农业科普；通过园艺实践观察、动手制作标本的过程，认识户外植物，为孩子们提供生动的自然讲堂；利用现有的灌溉蓄水池建成4 000米^{2}的垂钓中心；采摘园、萌宠乐园合理设置，实现种养结合；水上浮桥闯关、桃林迷宫、野外CS等各类户外活动实现了农业生产与休闲娱乐的有效结合。

4. 高科技农业示范

农场致力于农业创新，与青岛农业大学等院校建立长期战略合作关系。有机果蔬种植采用先进的循环农业技术，探索农业生产标准化的技术流程。农场对各种农作物全面实施水肥一体化技术，改善农业基础设施，大幅度提高土、肥、水资源利用率，同时，减少化肥、农药的施用量，减轻土壤污染，改善农田生态环境，提升有机农产品的质量及安全标准，让老百姓能够吃上放心菜，为发展生态、绿色和可持续农业做出有力贡献。

大棚种植藤稔葡萄

大棚种植纽扣蟠桃

大棚种植釜山88圣女果

大棚种植甜宝草莓

【联系方式】
负责人：张志强，电话13953269896
地址：山东省青岛市莱西经济开发区小院村

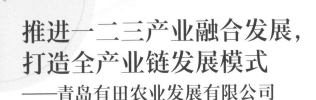

推进一二三产业融合发展，
打造全产业链发展模式
——青岛有田农业发展有限公司

【基地简介】青岛有田农业发展有限公司位于山东省青岛市莱西市店埠镇兴店路，厂区占地180亩，拥有加工车间10 000多米²，建有现代标准化深加工生产车间，配套了单冻机及自动化生产线、真空低温油炸机、全自动包装机、胡萝卜智能分选生产线、洋葱无人化智能剥皮机等多台（套）先进的生产和检测设备。有冷藏容量达20 000吨的冷库和万亩蔬菜生产基地。主营业务有保鲜农产品、冷冻农产品及低温油炸食品的加工出口，通过了食品安全管理体系（HACCP）认证，英国零售商协会（BRC）认证。公司建设了总占地4.5万米²的现代化玻璃温室种苗繁育中心，拥有全程的自动化物联网控制系统、自动化点播灌溉设备和现代化组培中心，年可培育优质种苗6 000万株以上。

公司外景

【基地荣誉】近年来，青岛有田农业发展有限公司先后被评为山东省农业产业化重点龙头企业、山东省农产品加工业示范企业、山东省农产品出口示范企业、山东省农业"新六产"示范主体和山东省实施乡村振兴战略规划省级联系点。公司自主培育的农产品品牌"店埠胡萝卜"被评为山东省知名农产品区域公用品牌。基地也获评山东省农民乡村振兴示范站、青岛市新型职业农民培训基地、青岛农业大学新农村发展研究院特色产业基地、青岛市农业新技术试验示范基地、青岛市乡村好青年实践基地和青岛市退役军人就业创业孵化基地。

育苗中心

胡萝卜基地

【基地特色】

★ 全产业链发展模式，一二三产业融合推进

★ 现代化园区示范，育苗引领者

★ 基地生产的胡萝卜色泽鲜艳，有皮红、肉红、芯更红的"三红"美誉，生食口感脆甜，唇齿留香

★ 农产品智能分选装备，每年节省上百万元人工成本

胡萝卜深加工

公司产品

【基地设施】300米^{2}的田间教室，600米^{2}的现代化的生物组培实验室，自动化深加工生产车间，40个设施大棚及4.5万米^{2}的现代化玻璃温室种苗繁育中心。

【培训活动】通过讲解学习物联网大棚种植技术、公司一二三产业融合发展；参观工厂化育苗的流程及工厂化育苗效果、农产品智能分选设备。

【开放时间】一年四季。

● 胡萝卜产业建设与发展

1.胡萝卜产业的形成

店埠镇自古便有"膏腴桃花乡"的美誉，镇南部是肥沃的砂浆黑土，地处大小沽河河畔为胡萝卜种植提供了优质充沛的水源。店埠胡萝卜经过多年的品种筛选，品质不断提高，市场需求不断增长，胡萝卜生产逐步实现了区域化种植、规模化经营以及产业化发展。目前已形成种植面积达五万多亩的胡萝卜生产基地，是胶东半岛地区主要的胡萝卜生产基地。

2.高品质胡萝卜种植基地的建设

为进一步把控店埠胡萝卜的品质，在国家级现代农业园区内建设了 12 000 米^2 的现代化物联网大棚，同时为相关种植户免费安装物联网大棚装置。通过物联网技术，由专业技术人员对各棚区土壤温湿度、二氧化碳含量等各项指标进行调控。与此同时，定期组织农户进行统一的技术普及与培训，帮助农户以科学标准化的要求种植管理胡萝卜。确保胡萝卜在种植品种、技术、水肥配比等方面有统一的标准，确保出产的胡萝卜符合店埠胡萝卜的质量标准需求。严格按照绿色食品标准种植的胡萝卜，公司以高于市场价格进行收购，带动地方种植户 2 000 余户。

3.农产品智能分选装备的配备

公司成立了青岛市级企业技术中心，面向农业智能装备和农业物联网高端领域开展业务，建立了农业智能软件专家工作站，吸引多名博士加入团队进行科研攻关。经过几年的努力，研发团队成功开发了一套集计算机、人工智能、模式识别、微电子技术等高新技术于一体的胡萝卜智能分拣机器人，一台机器每天可以分拣60吨胡萝卜，相当于30名工人的工作量，每年可以给公司节省上百万元人工成本，胡萝卜年出口量可以提高三成，成功实现了胡萝卜分拣环节的机械化。

4.精深加工发展，延伸胡萝卜产业链

公司充分发挥科技在农业生产中的引领作用，建设了胡萝卜速冻精深加工中心，延伸胡萝卜产业链。通过精深加工，原本品相不好的胡萝卜经过自动化处理，转眼就变成了深受国内外客户喜欢的高质量的速冻胡萝卜丁/片。不仅大大增加了胡萝卜的附加值，促进农民增收，也进一步促进了店埠胡萝卜的产业链延伸、产品广度拓展和未来产业链条稳定。

2014—2021年，公司成功举办了八届店埠胡萝卜文化节，节庆期间品尝胡萝卜美食，观赏胡萝卜雕刻比赛已经成为小镇人民与游客津津乐道的活动。公司逐步探索打造全产业链发展模式，推动了一二三产业融合。

5. 牵头打造"店埠胡萝卜"品牌，共享品牌溢价

近年来，店埠胡萝卜远销日本、韩国、阿联酋、东南亚等国家和地区，先后通过国家地理标志农产品认证、国家级绿色食品认证等。公司作为拥有店埠胡萝卜品牌的企业主体，除继续将该品牌作为区域公用品牌与店埠镇老百姓共用共享外，还以"店埠胡萝卜"品牌作为示范，助力店埠镇引导企业发展农产品品牌化经营。"店埠胡萝卜"获评山东省知名农产品区域公用品牌，中国品牌建设促进会评估其品牌价值10.62亿元。2018年"耿·田"牌店埠胡萝卜获评山东省知名农产品区域公用品牌和岛城市民最喜爱的农产品品牌。2019年6月28日起，店埠胡萝卜成为首批12个农产品品牌之一，央视的"青岛农品"宣传片，以山海意象、绿水青山为背景，唯美的展示了区域农产品区域公用品牌形象，让全国观众"品"到了青岛味道，感受到了"青岛农产品"的绿色品质。2020年获评山东省知名区域农产品品牌。

【联系方式】
联系人：赵彩君，电话18678916139
地址：山东省青岛市莱西市店埠镇兴店路

图书在版编目（CIP）数据

现代农业实训典型案例/青岛市农业技术推广中心组编. —北京：中国农业出版社，2022.11
ISBN 978-7-109-29864-4

Ⅰ．①现…　Ⅱ.①青…　Ⅲ.①农业技术　Ⅳ.①S

中国版本图书馆CIP数据核字（2022）第146984号

XIANDAI NONGYE SHIXUN DIANXING ANLI

中国农业出版社出版

地址：北京市朝阳区麦子店街18号楼
邮编：100125
责任编辑：谢志新　孟令洋
版式设计：杜　然　　责任校对：吴丽婷　　责任印制：王　宏
印刷：北京缤索印刷有限公司
版次：2022年11月第1版
印次：2022年11月北京第1次印刷
发行：新华书店北京发行所
开本：700mm×1000mm　1/16
印张：8.75
字数：200千字
定价：88.00元